多一份快乐 守一片净土

青春多彩的旋律

主编 拾月
编著 冯雪

图书在版编目(CIP)数据

多一份快乐　守一片净土：青春多彩的旋律 / 冯雪编著. -- 北京：现代出版社, 2014.7（2024.4重印）
ISBN 978-7-5143-2783-0

Ⅰ. ①多… Ⅱ. ①冯… Ⅲ. ①快乐－青少年读物
Ⅳ. ①B842.6-49

中国版本图书馆 CIP 数据核字(2014)第 163103 号

多一份快乐 守一片净土:青春多彩的旋律

主　　编	拾　月
编　　著	冯　雪
责任编辑	王敬一
内文制作	诚美天下文化传播有限公司
出版发行	现代出版社
地　　址	北京市安定门外安华里 504 号
邮　　编	100011
电　　话	(010)64267325
传　　真	(010)64245264
邮　　箱	xiandai@cnpitc.com.cn
网　　址	www.1980xd.com
印　　刷	唐山富达印务有限公司
开　　本	700mmx1000mm　1/16
印　　张	9
版　　次	2014 年 8 月第 1 版第 1 次印刷　2024 年 4 月第 4 次印刷
书　　号	ISBN 978-7-5143-2783-0
定　　价	57.00 元

前言

青少年是社会最宝贵的财富，是人类的希望和未来，正所谓“少年强则国强”。为此，大至一个国家、一个民族，小至一个家庭、一个家族，都特别重视青少年的教育问题。希望他们成为社会的中坚，家族的骄傲。一句话，就是希望他们成为成功的人。于国，能成为有用的人才；于家，能成为顶梁柱。不仅仅要学习好，还要有辨别人世间的善、恶、美、丑的能力。在每个人的人生中，除了需要自身的因素之外，还需要拥有感受世界的能力。

自立、自强，是绝不服输的勇往直前，是毫不妥协命运的坚决。

自尊、自爱，是顶天立地的脊梁，是不容侵犯的尊严。

自警、自谦，是内心深处的自省，是人生旅途中的字字箴言。

自乐、自勉，是快乐的源泉，是前行的无穷动力。

自信、自知，是对自我最准确的定位，是对自我感知最真实的反馈。

青春，是人最美好的一段时光，也是人格、性格定型的重要阶段，在这个时期，我们需要享受青春的快乐，同时也需要完成自我塑造。通过心理自助，最终从一个小男生、小女生逐渐成长为一个有着健全人格的人，成长为一个对社会、对家庭、对自我有着相对完整认知的人，成长为能够为自己的未来做主的人。这才是一个最充实、最有价值的青春。每个梦想都值得我们认真对待，每个青少年都是未来的希望。在青春中我们不仅要有欢乐，同时也要拥有未来！

本丛书是你化解烦恼的“心灵鸡汤”，可以给你快乐的心理自助；本丛书会让你认识到：掌控心理，方能掌控世界；改变自己，才能改变一切。本丛书还将告诉你：只有实现积极的心理自助，才能收获快乐而充实的青春。

目录

第一篇 珍惜，让快乐瞬间成永恒

第二篇 释放，青春起跑线上的第一课

第三篇 感恩，爱上不抱怨的世界

目录

第四篇 乐观，足以改变自己、改变世界

第五篇 友善，是对他人和自己的尊重

第一篇

珍惜，让快乐瞬间成永恒

珍惜，并不仅仅是一种对逝去人和事的追悔莫及，而是及时——及时表达情感、及时感恩、及时享受生活。珍惜幸福，学会知足，才能让我们远离后悔和贪婪，在某事物消逝之前用心去保护。一个人所珍惜的必是他认为最美好的、难能可贵的快乐。

往事如烟，只是过往的片段怀念

故事话题

汉宣帝刘询继位之后，拟写圣旨想将祭祀汉武帝的“庙乐”升级版本，满朝文武百官之中却出现了不和谐的声音——光禄大夫夏侯胜强烈反对。其他官员立刻就以“大逆不道”之罪弹劾夏侯胜，其中延尉黄霸坚决不肯联名上表，也被其他官员举报“不举劾”。汉宣帝看到这份弹劾奏折之后，立刻下令将夏侯胜和黄霸关进大牢，等待处死。

夏侯胜是当时有名的大儒，素来性情耿直，更不屑于阿谀逢迎，如今却因为直言进谏落得如此下场，在牢房内郁郁寡欢。相反，黄霸为人乐观，即便是身处监牢之中，也能够谈笑风生。他的这种乐观向上的精神也感染了夏侯胜，两个人在监牢之内大谈儒家精神，研读到精妙之处，还是不时地哈哈大笑，就连狱卒都跑过来察看，却根本搞不懂两个将死之人为什么这么快乐。

汉宣帝虽然下令将两个人处以死刑，不过是一时气话，又听闻他们每日读书为乐，面无忧色，心里非常感慨他们的贤德，最后找了个借口大赦天下，将两个人放出监牢。黄霸为扬州刺史，外放做官，夏侯胜被任命为谏大夫，留在皇帝身边，最后成为太子的老师。而黄霸以精明干练、政绩卓著名扬天下，后来官至丞相，史书评价他：汉朝建立以来，才能卓著的丞相多多，但论到治理百姓，则“以霸为首”。

故事解析

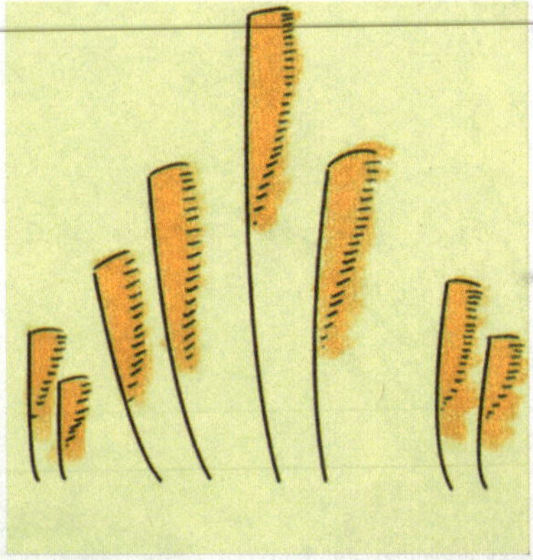

毫不夸张地说，这场牢狱之灾对于夏侯胜和黄霸来说，都是人生中的转折点——他们由风光无限的士大夫，一下子沦落成了监牢中的死囚，这巨大的地位变化几乎让夏侯胜精神崩溃。他曾经是备受尊敬的官员，是受人推崇的大儒，可是在这牢狱之中，他曾经的辉煌都成为此时他心中的枷锁，让他不能快乐起来。

幸好在他身边还有个生性乐观的黄

霸，他的开导让夏侯胜懂得了一个道理——人生的意义就是活在当下，所以他们能够心安理得地在牢狱之中充分享受读书的乐趣，也正是因为他们的豪放作风让汉宣帝改变了主意。

有人说，人生最大的煎熬就是等待死亡，最大的负担就是荣誉。因为人活在世上，都是活在对未来的希望之中，倘若知道死亡近在咫尺，那么，希望的火焰熄灭了，往往也就心若枯井，一切也都不再有意义；荣誉，则是很多人都太过看重的虚名，有的人能够战胜这种由荣誉带来的辉煌，而有的人则是陷入荣誉带来的泥沼，无法自拔。

所以，当过往成为我们人生之中的负担，那么我们唯一应做到的事情就是——放下过去，把握当下，将人生之中的每一分每一秒都活得充实，这样生命就有了最现实的意义。佛家说“见了便做，做了便放下，了了有何不了”。这种心态看似消极，其实包含着大智慧。活在当下，便活出了未来。

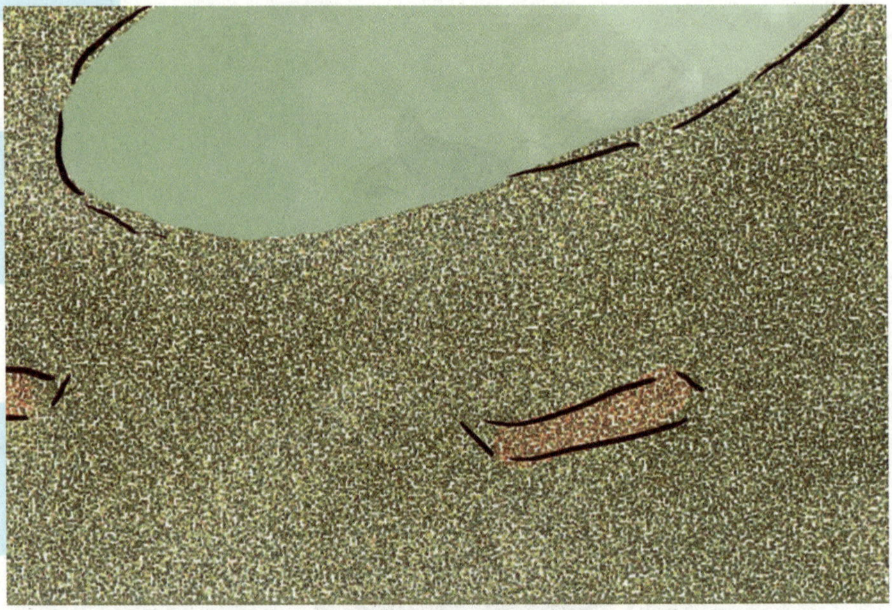

故事穿越

英国前首相劳合·乔治一直有一个非常有趣的习惯——随手关门。不管是经过哪里，甚至是在朋友家中、其他同仁的办公场所里，他同样如此。

有一天，乔治和他的朋友外出散步，每经历一扇门，他就随手将它关上，朋友看到他这个奇怪的举动，就说道："嘿，亲爱的，其实你完全没有必要把这些门都关上。"

乔治回答道："当然有必要，我这一生都在关身后的门，这是每个人都必须做的事情。只有当你关上了身后的门，才能将过去的一切全部留在身后。这样我就可以开始新的人生。"

听完乔治的话以后，他的朋友陷入了沉思……

关上身后的门，实际上并不仅仅是指一个简简单单的动作，更重要的是，他与过往一切的告别，无论过去对他来讲是好、是坏，是成功、是失败，都不能迷失人生的目标。当我们用太多的精力去回忆过往，那么留给我们展望未来的时间和精力就会变少。我们为什么要将有限的时间放在过去呢？

正是依靠这种精神，让乔治一步一步走向了成功，最终登上了英国首相的位置。

故事微语

回忆，是一个极具意境的词汇，既是自己的过往，也是我们逝去的曾经。有很多人都很喜欢去回忆，回忆曾经的美好，回忆曾经的自己，有些人甚至会陷入回忆之中无法自拔。

人们常说时间是治疗伤口的最好良药，可以淡去一切。时间真的可以冲淡一切——其实不是时间冲淡了，而是你的心态随着时间的流逝而在不断地变化——我想这是成熟的标志。人是不可能永远活在记忆里的。当你感到时间的紧迫的时候，你就会珍惜眼前。青春是会离我们而去的，从现在开始就做眼前要做的事情吧。

心灵箴言

冬者岁之余，夜者日之余，阴雨者时之余。

——裴松之

懂得生命真谛的人，可以使短促的生命延长。

——[古罗马] 西塞罗

人寿几何？逝如朝霜。时无重至，华不再阳。

——陆机

人生有两出悲剧：一是万念俱灰，另一是踌躇满志。

——[爱尔兰] 肖伯纳

盛年不重来，一日难再晨；及时当勉励，岁月不待人。

——陶渊明

珍惜眼下，让生活更有价值

故事话题

曾经有这样一个女孩，感动了整个中国，她的名字叫做张海迪。

和很多家庭一样，自从她出生之后就成为家里的“小公主”，但是命运却对她格外残酷，在张海迪5岁的那一年，她被诊断出脊髓病，胸部以下全部瘫痪。对于一个年仅5岁的小女孩来说，这无疑是致命的打击，或许当时的她并不能理解自己的疾病究竟是什么，她只能知道，因为生病了，她不能像其他小朋友那样出去玩，更不可能去上学。

为此，她就开始了漫长的自学路程，除了完成中小学生的全部课程之外，张海迪还自学了大学英语、日语、德语和世界语，并攻读了大学和硕士研究生的课程。俗话说，久病成医，张海迪开始自学针灸医术，后来又到农村去给那些无法去医院治疗的乡亲们无偿治疗。

1983年，张海迪又开始从事文学创作，先后翻译了《海边诊所》等数十万字的英语小说，编著了《生命的追问》、《向天空敞开的窗口》、《轮椅上的梦》等书籍。其中《轮椅上的梦》在日本和韩国出版，而《生命的追问》出版不到半年，就加印了3次，并且获得了全国“五个一工程”图书奖。

命运对张海迪的残酷，是我们正常人都无法想象的，但是张海迪并没有沮丧，更没有自暴自弃、放任自己，她以顽强的毅力和恒心与疾病做斗争，经受了严峻的考验，对人生充满了信心。尽管她没有机会走进校门，却凭借着自己的毅力自学了众多课程。甚至有的人曾经会这样想，像张海迪这样的病患，为什么要花费这样的精力去学习呢？张海迪从来都没有什么太过长远的人生目标，在病魔面前，生命的脆弱只让她懂得了一个道理，就是珍惜眼下的时光。

故事解析

瑞士著名作家、哲学家帕斯卡·梅西耶在其代表作《里斯本夜车》里写过这样一段话："我们总是无法看清自己的生活，看不清前方，又不了解过去，日子过得好，全凭侥幸。"

这段话用很简单的文字言简意赅地表达出我们生活中的困境——很多人都是盲目地生活着，瞻前顾后，总是没有远见，冲动而又懵懂地为自己作决定，但是却不能够承担这些轻率决定所带来的严重后果，最后往往是追悔莫及。

张海迪身患重病，却从未对生活失去信心，她格外珍惜自己能够看到阳光、感受快乐的每一分、每一秒，让时间更有意义，只有这样，才不枉费自己忍受病痛折磨的痛苦。

快乐是很难的，我们常常为了短暂的快乐，愁苦多年，张海迪更难。张海迪看上去很快乐，哪怕是在最痛的时候，她也能做出一副灿烂的笑脸。

张海迪身份是作家，但写作是非常痛苦的，她得了大面积的褥疮，骨头都露出来了，但她还在写。她又做过几次手术，手术也是非常痛苦的，她的鼻癌是在没有麻醉的情况下实施手术的，她清晰地感觉到刀把自己的鼻腔打开，针从自己皮肤穿过。面对这样的疼痛，她从未想过放弃，也从未想过用颓废来度过余生。她要快乐，要微笑地面对生活带给她的磨难。这就是张海迪。

故事穿越

法国著名作家马克·李维不但长踞法国年度销售排行榜宝座，曾经还连续十一年蝉联"法国年度最畅销小说家"。根据费加罗报的销售统计及排行调查，他也是全世界拥有最多读者的法国作家。在他的写作过程中，或许每一本图书的故事情节千奇百怪，充满了各种奇思妙想，但是马克·李维从始至终都坚持着一个写作信念作为整部小说的核心那就是——请一

定珍惜你现在所拥有的一切，并对所有爱我们的人，回报以真诚、热烈的爱。那你的人生，将不会有遗憾和悔恨。可以说，他所有奇思妙想的情节和历史深处的挖掘，都在向读者们传递着最朴素也最打动人心的道理。

比如他的小说《如果一切重来》中就讲述了一个事业有成的记者马上就要和自己青梅竹马的女友结婚，但是一次偶然的邂逅，让他对一个酒吧里的神秘女郎产生了感情，以至于在婚礼当天他抛弃了自己的妻子。可是很快，他就意识到了自己的错误，命运却不肯给他改过的机会，他在晨跑中被人刺伤，生命垂危……然而当他再次清醒的时候，他发现自己回到了两个月前，一切都得以重新开始。这场刺杀究竟是一场彻头彻尾的阴谋，还是他青梅竹马的女友的疯狂报复，他用两个月的时间可以找出这个答案……

这并不仅仅是一本“奇幻悬疑”的书籍，马克·李维也绝对不是简简单单地写了一本恶俗的穿越故事，他正是通过这样一个故事展现出他对生命和人性的理解。

故事微语

电影《大话西游》中的经典台词说：“曾经有一份真挚的感情摆在我的面前我没有珍惜，等我失去的时候才追悔莫及，人间最痛苦的事莫过于此……”其实在我们的生活中，我们不珍惜的并不仅仅是一份真挚的感情，那些太容易获得的东西，我们总是习惯性地去认为这就是我们应得的。

其实没有什么是应该的，哪怕是我们手中紧握的年华，有朝一日都会悄然而去。所以我们应当学会去珍惜人生、珍惜我们已经得到的所有。想想我们都还平安健康地活着，感恩的心，化为对生命的渴望，对人间的爱。环绕我们的，都是最爱我们的人。所以，请记住，珍惜眼下，才能让生命更有意义。

心灵箴言

生命如流水，只有在他的急流与奔向前去的时候，才美丽，才有意义。

——张闻天

当我们误用生命的时候，生命并无价值，而这努力是值得的。倘若活着并无价值，死掉毫不足惜。

——[英] 狄更斯

尊重生命、尊重他人也尊重自己的生命，是生命进程中的伴随物，也是心理健康的一个条件。

——[美] 弗洛姆

着眼未来，却无需为了梦想而过度

故事话题

我们每个人都会有自己的梦想，会为了自己的梦想去努力，可是梦想的初衷是为了给我们无穷的正能量，而不是为了给我们带来太大的负担。

英国作家查理斯出身贫寒，他自幼就非常喜欢文学，也写了很多文章。有一天，查理斯出去散步，看到夕阳西下，他就想用纸笔记录下此刻的心情。这时候他才发现自己的日记本丢了。于是他就顺着原路往回找，就看见一个老太太手里正拿着自己的本子，他连忙上前说：“老奶奶，这本子是我掉的，您能还给我吗？”

老太太就问道：“是吗？这里面写的是什么啊？”

查理斯有点害羞：“都是我平日里写的一些文章，写得不好，让您见笑了。”

老太太笑了，还给他：“我刚才看了，文章真的不错。知道吗，我能预测别人的未来，你今后一定会是个作家。”

那时候的查理斯并没有将这句话放在心上，对于贫苦的父母来说，早日工作挣钱对他才是最重要的。

中学毕业之后，他没有选择继续学习，而是开始了四处工作，他做过酒店招待、推销员、修理工……可令他沮丧的是，他每次都因为一点小事被辞退。后来，在亲戚的帮助下，他终于进了一家公司做文员，尽管薪水并不算高，可好歹算是一份很体面的工作了。然而好景不长，没过多久，这家公司倒闭了。此时的查理斯已经到了山穷水尽的地步，他突然想起老太太那句神秘的话——“你今后一定会是个作家。”最终，查理斯下定决心开始他正式的写作道路。

文字创作的过程是很艰辛的，可是查理斯一想到老太太的那句话，就有如神助。终于，他以自己为原型，把这些年遇到的世态炎凉，把穷人的无奈和富人的空虚用一个个故事表现了出来。小说一发

表，立刻受到众多读者的青睐，也让查理斯成为当时最炙手可热的作者。成名后的他想要找到老太太，来表达自己的感激之情，感激她当年的指点迷津。但是可惜的是，此时老太太已经过世了，查理斯只找到了她的女儿，并将自己和老太太的渊源讲了一遍，女儿听后瞪大了眼睛，非常惊奇地说了一句：“我的母亲根本不识字！”

故事解析

每个人在年轻的时候都有自己的梦想，也会在心里树立了一个远大的目标，然而，有些人能够把目标当成一种无穷的动力，也有一些人无法适应心里承担的这个压力，最终一败涂地。其实有很多时候，心中有目标固然是好的，但是如果这个目标成为你人生的负担，反而得不偿失。

我们不能没有目标，但是也不能将目标看得过重，有时候“无心插柳柳成荫”也是常常发生的事情。就如同查理斯一样，有的时候，只有放松心情，成功自然在前方等着你，可是如果在心里为自己压了一块顽石，那么自然就只能止步不前。

梦想，它可以为我们指引人生，可以让我们在前行的道路上拥有无穷的动力，可是正如那句话所说：“一屋不扫，何以扫天下。”我们不能被梦想所束缚，更不能让梦想成为我们心中的一块顽石。

加油

故事穿越

梦想为我们提供了很多动力来源，同时也能成为约束我们的一条看不见的框，助我们成长：

在纽约声名狼藉的大沙头贫民窟里，生活着这样一群黑人孩子，由于生活原因，他们缺少管教，其中有不少人从小就开始旷课，甚至还有些小孩偷窃、吸毒。罗杰·罗尔斯就是这群孩子中的一个，每次只要他在教室里，老师根本无法将一堂课正常地上完。

有的人曾经在背后愤慨地骂道：“恐怕只有他搬进牢房的那一天，这里才会太平”。可想而知，他在学校里顽劣到什么程度。

着一天，他又旷课出去与社会上的流氓厮混，结果恰巧撞到了当时的校长保罗。保罗校长拉过他的手，并没有责骂他，而是非常真诚地说：“一看你修长的手指，我就知道将来纽约州的州长非你莫属。相信我，孩子，我会看手相！”

就因为这一句话，罗杰·罗尔斯发生了翻天覆地的变化，他变成教室里最听话、学习最刻苦的孩子。曾经的同伴再喊他去打架、去逃学，他总是拒绝，理由是：“对不起，我是将来的州长。”

就这样，他成了班主席，考上了美国著名的大学，成了一名出色的政府官员，51岁那年，他真的当选为美国历史上第一位黑人州长。

故事微语

珍惜现在，才能让我们的未来有了可以实现的依托；珍惜现在，才能构建更美好的未来。有很多青少年朋友总是会说，父母给自己制定了一个非常宏大的目标，让自己觉得喘不上气来，其实大可不必。

每个人的人生都拥有三个部分——过去、现在和将来，其中最重要的一定是现在，只有做到珍惜现在，才能真正拥有明天、拥有未来。所以，应努力让未来成为自己的动力，而非压力。

一个富有成就的人，一个有所作为的人，一个硕果累累的人，都是从珍惜今天

开始的。翻开他们的成长史，可以说他们在今天的每一分钟里，都浸透着汗水，都凝聚着心血。

梦想，是我们人生的指示灯，未来，是我们努力奋斗的道路。很多人都幻想过自己的未来是什么样子，然而，没有对现在的珍惜和把握，又怎么能够拥有美好的未来呢？

心灵箴言

丧失未来的幸福，比丧失已有的幸福更痛苦。

——[法] 巴尔扎克

商量时想过去，享乐时想现在，而想做些什么的时候，不管是什么，都要想想未来。

——[意] 儒尔贝

我们可以死，但是永远不会变节！我们可以死，但是要自由和尊严地去死！我们可以死，并不是因为我们不重视生命，不是因为我们不重视我国人民进行的创造性事业，看不到我们通过自己的劳动有权得到的光荣的未来，而是因为我们每个人的生命是同这种思想、这种前途不可分割地联系在一起的。

——[古巴] 卡斯特罗

心底释然，收获片刻快乐

故事话题

沈括在《梦溪笔谈·神奇》中写道："释然放怀，无复蒂芥。"所谓释然，是一种心胸上的开阔，是一份对眼下最真诚的珍惜。

在文坛上，金庸和梁羽生先生同样作为新派武侠小说大家，难免会遭遇到被媒体和读者拿来比较的情况，甚至有人曾用"瑜亮情结"来形容二位。在年轻的时候，两个人难免会有一决高下的冲动，还在报刊杂志上打过几场"笔墨官司"，一时间，成为街头巷议，被人们津津乐道。而两个人的忠实读者也为此展开过激烈的骂战。

就这样，两个人就一直较着劲，直到 20 世纪 60 年代，梁羽生先生的作品大量被改编成影视作品，流行开来。一时之间，他的地位和影响超越了金庸先生。可是金庸先生的"粉丝"不甘心趋于人后，就开始热烈争论金庸和梁羽生究竟谁是"江湖第一人"。眼看着争论就要进入白热化阶段，梁羽生却决定主动放弃这个名号。有的媒体非常好奇地去询问，他很坦率地回答道："我是全世界第一个知道金庸比梁羽生写武侠写得更好的人。"

就是这样一句话，让梁羽生和金庸之间的斗争消失了。后来，两位一同参加了武侠小说研讨会，有人尊称梁羽生为"新武侠小说的宗师"，但是梁羽生却说："顶多，我只能算是开风气的人，但是真正对武侠小说有很大贡献的人，不是我，而是金庸先生。"

听到梁羽生这样说，金庸连忙站起身来说不敢当，但是自此之后，两个人成了肝胆相照的朋友。梁羽生用释然的态度赢得了这份难得的友情。

故事解析

金庸和梁羽生两位先生都是文坛上非常著名的作家，两个人都以“武侠”著作闻名，难免不被人拿来比较一番。或许就连读者都愿意看到类似于“北乔峰、南慕容”这样的对阵局势，媒体自然不会放过这样一个能够吸引读者的话题。

其实这样的事情在文坛上非常常见，为了销量、为了认可度，很多作者心中都会有自己心中设定的“假想敌”，又或者因为其他种种缘故而展开骂战。可是金庸和梁羽生并没有，对于名利，他们两个人全都非常淡然地对待，对于读者之间的比较，他们也很释然。

这份释然，不仅仅是对名利的淡泊，也是一种对待同行的友善，更是一种男人胸怀的体现。

故事穿越

在华语电影界，陈凯歌与张艺谋、冯小刚一起被大家尊称为“三大导演”，但是和其他两位导演相比，陈凯歌仿佛并不是很受观众们的喜爱，换言之，就是没有另外两位贴近大众。这让大导演陈凯歌多多少少有些尴尬。

在 2010 年，他导演的电影《赵氏孤儿》在贺岁档期上映。然而，在上映前的民意调查显示，大家对导演陈凯歌和这部新作并无多少期待值。这个调查结果显然超出了电影制片方以及陈凯歌导演的意料。

一位电影投资人在《赵氏孤儿》的发布会上说了这样一句话：“他拍出了《黄土地》和《霸王别姬》，他理应得到我们的尊敬。”

是的，在陈凯歌导演的电影代表作品种，最受人认可、并且被称之为“经典之作”的莫过于《霸王别姬》，可是这部电影拍摄于 1993 年。就在观众们都翘首以盼等待他再创辉煌的时候，他却拍摄了电影《荆轲刺秦王》和

《风月》，这无疑与大众的期盼相背离。就连陈凯歌本人也说：“年轻的时候犯狂，就觉得40岁得了金棕榈，总共就那么多片叶子，能让你摘了一片，确实是一个挺难得的事，就有点接不住。”

而真正让陈凯歌饱受诟病的当属“大片”《无极》，因为网络大热的胡戈版的“馒头”让他尝到了最直接且犀利地抨击和贬低，这位大导演也因他最初无意识的傲慢遭到了网友们的嘲笑，可以说，个人职业生涯坠入了低谷，在很长时间里他甚至有点惧怕在公开场合和记者对话。

经历了人生的大起大落，人往往更容易看开一些事情、放下一些事情，对于陈凯歌而言，的确如此。回顾几个重要的人生阶段，陈凯歌坦言自己有过骄傲、有过挫折、有过辉煌、有过低落，所以在拍摄新片《赵氏孤儿》时，希望让一切都回到真实和常识上来。正如他自己所言：“我放下了，把所有东西都放下来了。”

放下，对过往的一切释然，是人生的一大学问，只有真正做到心底释然，我们才能够收获最简单的快乐。

故事微语

人生，就是寻求释然的一个过程——做到心平如镜，虚怀若谷，对于人世间的风风雨雨、是非恩怨，正所谓："涣兮若冰之将释。"对那些没有结局的争论不再耿耿于怀，对一直心怀芥蒂的情结能够放下，不再患得患失，不再大喜大悲，就能够从容大度胸纳百川。

诚然，这种释然并非与生俱来，它受出身条件、教育程度、成长环境、社会阅历、生活品位、情操陶冶等多方面因素的影响。在顺境中不骄不躁，在逆境中不屈不挠，得意时淡然以对，失意时安然若素，释然的人总能调剂出一种合适的心态去面对生活中的种种境况。

这种释然，是一种大智若愚，既承认了人生定式的不可逆转，但也不会产生过分悲观的情绪，又不会把人生的希望放在来生一个不能确定的世界去实现。而是立足眼下，积极追求，利用有限的生命去创造无悔的人生。如果人生就是寻求释然的一个过程，那么，作为生命的注解，所有的一切都能够得到释然。

心灵箴言

得之，我幸；不得，我命。

——徐志摩

人当你紧握双手，里面什么也没有；当你打开双手，世界就在你手中。

——《卧虎藏龙》

一切都是暂时的，一切都会消逝。一切逝去的，都会变成美好的回忆。

——[俄] 普希金

人生是一场大火。我们每一个人唯一可做的就是从这场大火中多抢救一些东西出来。

——[美] 比尔·盖茨

懂得适度，守住内心的一片清宁

故事话题

春秋末年，范蠡和文种追随越王勾践，在他身边尽力辅佐，出谋划策。终于灭掉吴国，号令诸侯，成为一代霸主。在吴国灭亡之后，勾践设宴款待文武百官，范蠡和文种当然在其中。

然而，范蠡内心知道，任何一个君主都不允许出现“功高盖主”的事情，尽管当初勾践为了求贤承诺过很多高官厚禄。可现如今，勾践已经成为了霸主，那些所谓的承诺远远比不上他存在的威胁。睿智的范蠡非常清楚，以勾践的为人，可与同患难，难与共安乐，于是他毅然决然地向勾践告辞，请求隐退。

勾践看到范蠡的奏折，就对他说：“先生若愿留在寡人身边，寡人愿与你共分越国，若不遵寡人，将身死名裂，妻子为戮！”这句话的意思再明白不过，作为一代君主，自然是不可能和别人共分国家，后一句的威胁才是至关重要的，如果你敢离开，我就杀掉你的妻子，让你身败名裂。

范蠡一听，便不辞而别，放弃家业、携带家眷离开了。在临行前，范蠡给文种写了一封信，劝他说：“狡兔死，走狗烹；高鸟尽，良弓藏。越王为人，长颈鸟喙，可与共患难，不可与共荣乐，先生何不速速出走？”可惜的是，文种并不能领悟到范蠡的意图，果然没过多久，越王勾践就逼迫文种自刎。

故事解析

在这个世界上，任何东西，都需要适度，无论金钱、名利，亦或是其他，都需要适可而止。在中国古代史上，有很多忠臣名将，都因为“功高盖主”而被皇帝杀害，比如韩信，比如岳飞。而范蠡却非常聪明地看到了这一点，所以他能够在最关键的时刻抽身而出，不仅保全了自己和家人的性命，还能够继续开拓自己商业上的本领，这全部取决于范蠡对度的把握。

尽管现如今这种封建社会中的故事不会再次发生，但同样也能让我们领悟到一些做人的道理——水满则溢，度的掌握就尤为重要。不管是在学习上，还是在事业上，都需要如此。

对于名利，对于金钱，适度原则是每个人内心都需要坚守的一种底线。是的，对于名利的追求，似乎是永无止境，但是超过了某一种“度”，就变成了心底的贪婪和欲望。所以“适度”同样是人生之中的一门哲学。

故事穿越

著名学者、作家林语堂同样深谙人生“适度”的原则，这种适度不仅仅存在于对物质方面，同样也存在在感情方面。

林语堂的初恋是他的同学陈锦瑞，两个人情投意合，但是陈锦瑞出身名门，所以陈锦瑞的父母非常反对这段恋爱关系。为此，林语堂非常痛苦，甚至到了寝食难安的程度。陈锦瑞的父亲陈天恩虽然非常反对林语堂和自己的女儿谈恋爱，但他却非常喜欢这个小伙子，于是就将一直暗恋林语堂的廖翠凤介绍给林语堂。很快，林语堂就和廖翠凤订婚。尽管林语堂和陈锦瑞还彼此相爱，可是在林语堂和廖翠凤结婚之后，他就调整心态，对待妻子一心一意。

林语堂和陈锦瑞在此之后也常常见面，每一次他们都不避讳廖翠凤，就连廖翠凤也常常打趣他们。有人曾经问廖翠凤，让林语堂和陈锦瑞这样见面，她会不会介意？但是廖翠凤却说，她信任他，他娶了自己，就

一定会好好待自己。

林林语堂对待爱情的成功之处在于——他从来都不愿意和“人生”较劲。正所谓“得之我幸，不得我命”，所以他对人生适度妥协。他不是不懂爱，但也明白并非所有的爱都能拥有，把已拥有的好好珍惜，这也算上天给予的一份厚礼了。

故事微语

适度，是一种生存态度。是一份顺其自然、量力而行、求得合适的心态。在这个世界上，任何东西都是有度的，无论是名誉、金钱、朋友，甚至包括爱情。我们不能为了追求任何一种东西抛弃人生其他的所有，这就是“度”的把握。

适度实是一种人生哲学。四季在于平衡，天阳地阴在于互动适度，万物才得以生机盎然，缺一不可，过而成灾。有房住、不缺钱、朋友几个，知足恬淡舒爽，奢望太多则苦累烦闷，急于求成则易剑走偏锋。

度，就是让我们的生活顺其自然、量力而行的尺度，度也是一剂调理心态，治疗面对当今社会产生的种种不解，而导致的郁闷、纠结、烦躁、喧嚣的良药！

心灵箴言

适度的娱乐能放松人的情绪，陶冶人的情操。

——[古罗马] 塞内加

既然我们都是凡人，就不如将友谊保持在适度的水平，不要对彼此的精神生活介入得太深。

——[希腊] 欧里庇德斯

运动太多和太少，同样的损伤体力；饮食过多与过少，同样的损伤健康；唯有适度可以产生、增进、保持体力和健康。

——[希腊] 亚里士多德

作为一个普遍规律，适度的动动脑筋不但不会妨碍医疗，而且正像适度的体力活动一样，反而会间接地促进恢复健康。

——达伏斯的大学课程

第二篇

释放，青春起跑线上的第一课

释放内心，让自己的心灵轻松起来，当我们内心成为一片净土，那么在我们的世界里，就能够拥有最坚定的盾牌、最纯真的笑容、最简单的快乐。

放飞心灵，快乐如影随形

故事话题

篮球明星姚明刚刚到美国 NBA 的时候，奥尼尔曾经当着很多媒体的面直言：“要让姚明尝尝我手肘的厉害。”有的媒体就将这句狂言传到了姚明耳中，他听完淡淡一笑说道：“奥尼尔的手肘看上去有很多肉，撞人应该不会太疼。”他用幽默化解了这次尴尬，但是却改变不了他作为一个黄种人来到 NBA 的处境。

曾经有一次，火箭队和灰熊队的比赛正在通过卫星进行现场直播，前 NBA 球员、ABC 电视网解说员斯蒂夫·科尔在说起姚明的时候使用了“支那人”一词。这个词汇是带有严重侮辱性质的，尽管当时在现场进行奋力拼抢的姚明并未听到，但是却让众多支持姚明的篮球迷感到非常愤慨。事后，科尔专门给姚明打电话，表示歉意。

可是媒体自然不会这样轻易放过他，在一次新闻发布会上，有记者旧事重提，问姚明准备如何反击科尔。姚明很淡定地回答：“事情已经过去了，科尔也专门给我打电话向我致歉，显然他已经意识到了自己的错误，在这个时候，我应该展现出一个男人应有的风度。”

记者又问道：“对于中国人而言，‘支那人’应该是一个非常伤害民族尊严的侮辱性词语，你难道不准备反击吗？”

姚明笑了笑说：“据我所知，科尔在马刺队效力时，曾把法国队友帕克称呼为“法国人”(Frenchman)，他可能因此类推，就把中国人喊成了‘Chinaman’(音译类似于支那人的发音)。既然他已经为此道歉，何必还苦苦追究呢，这样的话，自己也活得很辛苦啊。”

姚明并未将这件事情太过放在心上，轻松地把一个可能引发争端的事件，化解得风轻云淡。他的大度，赢得了无数球迷对他的尊重。就连火箭队主帅范甘迪也评论说：“姚明是一个非常容易相处的家伙。”

故事解析

在我们的生活里，总会出现一些让我们产生不快的事情，这种苦闷，或者来自我们的朋友，或者是来自我们的竞争对手，可是这种烦恼却不能成为我们生活里不快乐的原因。人人皆有一颗自己的心灵；人人皆愿自己的心灵蕴含美质。

姚明进入 NBA 之后，成为炙手可热的篮球明星，尽管遇到种种挫折和磨难，但是他并没有因此而放弃篮球。对于一个篮球运动员来说，能够在比赛场内打球这本身就是他快乐的源泉。如果轻易地因为一些挫折而让自己放弃这种快乐，那么他根本就不会成为 NBA 场内最有名的中国球星。所以放飞心灵，去掉那些束缚住我们快乐的枷锁吧。

世界之美，美在千姿百态；心灵之美，美在寒木春华。孟子“夫物之不齐物之情也”，《左传》“人心之不同，如其面焉”，以及古罗马诗人奥维德“像这大千世界一样，人的心也是千差万别的”，凡此种种，皆在强调人心自有其不同特质之理。

故事穿越

“杂交水稻之父”袁隆平，一直致力于研究农业问题，在 2010 年，“中国首届心灵富豪榜”将第一名的殊荣颁发给了袁隆平。主办方给他写的评语是：“他用一粒种子，改变了世界；他创造的物质财富，只有两个字可以形容——无价。而他自己，依旧躬耕于田畴，淡泊于名利，真实于自我。他以一介农夫的姿态，行走在心灵的田野，收获着泥土的芬芳。那里，有着一个民族崛起的最古老密码。”

当主办方将邀请函递交给袁隆平的时候，袁隆平带着宽厚的笑容说：“对我来讲，我登上过太多的排名榜，对各种排名也没什么兴趣了，却唯独看重这个奖项。因为，主办方给我的评词，是对我大半辈子做了一个

比较准确的总结。尽管财富可以用金钱的多少来衡量，但是要让心灵真正富裕起来，就不是那么简单的事了。因此，我对这个排名深感欣慰。”

从姚明到袁隆平，无论名誉、地位，还是所遭受到的不公平待遇，我们有理由相信，这些都曾经影响过他们。但是如果他们紧紧握着这些过往不放，就等于给自己的心灵拴上了无形的枷锁，那么他们就无法在自己挚爱一生的事业中真正做到轻松面对。所以，放飞自己，努力做一个富有爱心和勇于进取的人，同时也让我们的心灵富裕起来。

故事微语

在我们的生活里，总是充斥着各种外界的喧嚣和内在的浮躁，甚至有人很难去享受放飞心灵的过程。其实放飞心灵并非是一件多么困难的事情，它并不需要我们付出太多。

有人说，放飞心灵需要一场说走就走的旅行，其实只要让自己的心灵去游览到人世的各个角落以至宇宙太空——阅读，就是让我们的心灵去旅行的一个过程，“书中自有黄金屋”，通过阅读，我们能够领略到老子的大气睿智、庄子的超凡脱俗、陶渊明的淡泊名利、岳飞的悲壮情怀……

放飞心灵需要的是打扫我们内心的世界，让这里变得清晰。人生在世，面对的诱惑太多，想要拥有的太多，有很多东西最终变成了我们心灵的枷锁，成为一种负担。因此，不要过分沉湎在曾经，或失意、或得意，那些都只是一种过往，要学会舍弃与忘记，做到宽容和豁达。

放飞心灵，就能够一路播撒鲜花，留下片片美丽风景。

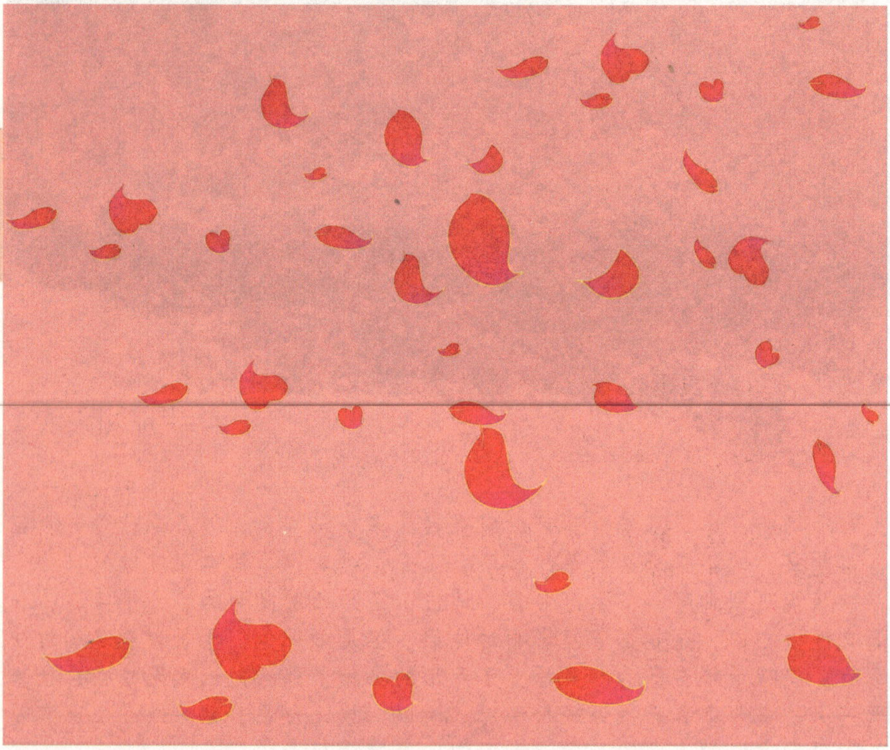

心灵箴言

人类的心灵需要理想甚于需要物质。

——[法] 雨果

再好的东西都有失去的一天。再深的记忆也有淡忘的一天。

——[英] 莎士比亚

不要指望，麻雀会飞得很高。高处的天空，那是鹰的领地。麻雀如果摆正了自己的位置，它照样会过得很幸福！

——刘心武

无论哪个时代，青年的特点总是怀抱着各种理想和幻想。这并不是什么毛病，而是一种宝贵品质。

——[俄] 加里宁

释怀恩怨，让心灵成就一片净土

故事话题

战国时期，曾经流传下这样一段历史典故——“负荆请罪”。

廉颇是赵国最骁勇善战的将军，他曾经率兵攻打齐国，大败齐军，攻占了阳晋，于是被封为上卿。而蔺相如则是赵国宦官头目缪贤的门客，因为在渑池会盟上运用自己的机制果敢保住了赵国的名誉，功劳最大，也被赵国君主封为上卿，且位在廉颇之上。

这让廉颇内心非常郁闷，他总是想，我是赵国的将军，曾经有攻城野战的赫赫战功，可他蔺相如不过是一介平民，不过是靠着能说会道立了点功，地位却在我之上？他越想越生气，甚至口出狂言道：“如果让我碰上他，一定要羞辱他！”

很快，廉颇的话就传到了蔺相如的耳中，于是蔺相如就有意要避让廉颇。每到上朝的时候，蔺相如就请病假，因为在上朝的时候，文武百官都是按照官阶依次站立，何苦去和他较这个真呢！外出的时候，蔺相如远远看到廉颇，连忙掉头走掉，借此回避。

时间久了，蔺相如身边的门客就有了闲言闲语，认为蔺相如是怕了廉颇。有一个心直口快的门客就站出来直言进谏说道：“大人，我们之所以来侍奉您，就是因为仰慕您的气节和才智，可现如今，您明明和廉颇官位相同，甚至还在他之上。可是廉颇接二连三地出口伤人，您却因为害怕而躲避他。寻常百姓都会因此而感到羞愧，更何况是您？”

蔺相如听闻，摆了摆手反问道：“你认为，秦王和廉将军比起来，哪个更厉害？”

门客回答道：“当然是秦王厉害。”

蔺相如回道：“对啊，你们都晓得秦王厉害，但是在朝廷上，我敢于呵斥他，羞辱他的群臣，难道我会怕廉将军吗？我之所以处处避让他，是因为我考虑到赵国国情，秦国强大却迟迟不敢攻打赵国，就是因为他们惧怕廉将军的威名，如果我和廉颇将军因为私人恩怨而争斗起来，那么最终受损失的是赵国本身，是赵国这些无辜的平民百姓。”

后来，廉颇听到了这番话之后，愧疚不已。为了表达自己的歉意，他脱去上衣，露出上身，背着荆条，来到蔺相如的面前请罪。就这样，两个人终于成为生死与共的好友。

故事解析

有人的地方就有江湖，有了江湖就会产生恩怨。其实说恩怨有些夸大，在我们的生活里，或许不会出现恩怨，但是摩擦、矛盾一定是存在的，这也就是我们所说的人际交往。人际交往无处不在，不管是在学校，还是在宿舍，或者是毕业之后进入职场，我们都会与人交往，这其中就必然涉及到矛盾、过节和处理这些的方法。

其实处理这些的方法只有两个字——宽容。

蔺相如因为宽容，不去计较廉颇将军的无礼和狂妄，最终让廉颇感到无比愧疚，最终负荆请罪，达成谅解。其实不管是怎样的矛盾，只要坦诚相待，就一定可以化解，而我们也会因为宽容而得到全新的快乐。正如同那句话：“对别人的宽容，就是对自己的救赎。”

故事穿越

奥运会赛场是展现体育精神的绝佳赛场，但是在这个赛场上也同样出现过一些不公平的赛事。

在雅典奥运会男子单杠决赛的赛场上，俄罗斯名将涅莫夫是当时最有希望获奖的种子选手，他凭借着连续腾空抓杠的高难度动作征服了全场观众。不过在落地的时候，涅莫夫却出现了一个小小的失误，他向前移动了一小步。这并不是什么非常严重的失误，可是评委却因此给出了9.725的分数。

当这个分数被显示出来之后，全场观众不停地高声喊着涅莫夫的名

字，并且全部起立，用持续而响亮的嘘声表达对评委们的不满。已经准备出场的美国选手保罗·哈姆虽已准备就绪，却因为这持续不断的嘘声只能尴尬地站在原地。比赛被迫中断。

看到这样的场景，已经退场的涅莫夫从座位上站起来，面对几面看台的观众深深地鞠了一躬，借此来表达自己的感激之情。

面对如此巨大的压力，评委们重新给涅莫夫打出9.762的分数，这个分数不但没能平息观众们的不满，反而让观众们更加愤慨起来，甚至有的观众已经做出了不文明手势。

涅莫夫重新回到赛场，他举起手臂向观众们致谢，然后伸出右手食指放在嘴上，希望观众们保持安静，然后又指了指美国选手保罗·哈姆。他的这几个动作非常流畅，借此表现出他的人格魅力和宽广胸襟。尽管他遭遇了不公平待遇，但是请在场的观众给下一位选手一个安静的、公平的比赛环境。

尽管这次比赛涅莫夫并没有拿到金牌，但是在观众们的心中，他用自己的宽容赢得了一块无形的“金牌”——那就是观众、竞争对手和在场评委的尊敬。

故事微语

释怀，是对待内心不满的最佳解决途径，人生苦短，有太多事值得我们去珍惜，值得我们来拥有，对于那些所谓的恩恩怨怨，只需要交给时间去释怀。

释怀本身，就意味着是跨入了一种令人欣慰的精神境界，而这种境界的获取，何尝不是一种对过往磨砺的感慨呢？

人生不如意事十有八九，如果我们始终不能够学会释怀，那么我们所拥有的快乐就会减少。有些人，有些事，注定不会皆遂人愿。经历是每个人的，我们没有太多的精力去耗费。释怀是一种积极的情绪，面对人生的不平事，没有什么是无法解开的心结。当我们将目光放远，那么一切都变得云淡风轻了。

心灵箴言

最高贵的复仇之道是宽容。

——[法] 雨果

不傲才以骄人，不以宠而作威。

——诸葛亮

自出洞来无敌手，得饶人处且饶人。

——善棋道人

遇方便时行方便，得饶人处且饶人。

——吴承恩

简单平凡，越长大越平淡

故事话题

有很多人都认为自己的人生注定充满了不平凡，然而当人生过半才发现，原来和大多数人都一样，都是拥有了平凡的人生。平凡简单，或许有很多人都不愿意去相信自己经历的竟然是如此的人生。其实平凡人也能做出不平凡的事。

在20世纪初期，英国出现了两个杰出人物——英国首相温斯顿·丘吉尔和英国细菌学家亚历山大·弗莱明，他们都在自己擅长的领域里做出了卓越的成绩——丘吉尔不用多说，他凭借自己杰出的外交能力极大地推进了世界反法西斯战争的胜利进程，除此之外，他的政治头脑和治国手段都让他得到了民众的尊敬；而弗莱明则是发明了青霉素，它和原子弹、雷达并列，被称为二战时期世界三大发明之一，并且成为现代医学中使用最普遍、抗菌效果最显著的药物。

可是就是这样两个杰出的人物，他们的成功却离不开一个平凡人的帮助，这个平凡人就是佛莱名的父亲。

弗莱明的父亲是一个非常平凡的农夫，每日辛勤劳作却赚不到多少钱。有一天，小丘吉尔在农庄里玩耍，不小心掉进了一个很深的粪池，碰巧弗莱明的父亲经过这里，奋不顾身地跳进粪池，将丘吉尔救了出来。丘吉尔的父亲当时是英国上议院的议员，他非常感激这名平凡的农夫救了自己的儿子，就提出送农夫的儿子去学校学习，一切资费有他来支付。就这样，弗莱明才能够有机会去学医。

弗莱明的父亲就是一名非常普通的农夫，在他当初从粪池中救起小孩的时候，也绝对不会想到，正是他的这个善举，不仅改变了两名少年的人生轨迹，甚至改写了世界历史。

故事解析

在我们年少的时候，总会看很多名人故事，看他们如何超越自我，成就辉煌，或者心中总会有一种想法，大多数人都在过着一种非常平常的生活，朝九晚五、一日三餐。是的，有很多人，或者说是绝大部分人都在过着这样普通到不能再普通的平淡生活，可是平淡生活并不代表我们自己就一定是平凡的。

弗莱明的父亲就是一个非常普通的农夫，或者在很多人眼里看来，他没有半点超脱的地方，可正是他一次善意之举，恰恰改变了历史。又有谁能说，他真的平凡呢？

平凡，也是一种生活状态，更是人趋于成熟的表现，正所谓“平平淡淡就是真”，这才是我们生活的真谛。平凡人也能做出不平凡的事情，同理，不平凡的人，也在本本分分地过着平凡的生活。这才是我们的人生。

故事穿越

平凡，并不仅仅是指一个人的人生，有很多平凡的人却在做着不平凡的事情，同样，并非是一件事情就能被称作不平凡，持之以恒的努力也能够成就不平凡的善举。

每当提起“梅林达·盖茨”这个名字，大家首先想到的是“微软”和“比尔·盖茨的夫人”这样的头衔。但梅林达并不同于一般的贵妇，她不喜欢抛头露面，甚至要求丈夫在面对媒体的时候，不要提到她的名字。就是这样一个女人，却坚持每年跋涉几千千米在非洲各地检查“比尔及梅林达·盖茨基金会”捐款的落实情况。

作为世界首富，比尔·盖茨的资产大约在785亿美元左右（2013年统计数据），但盖茨夫妇一直以来都表示要将财产的大部分捐献出去，只给自己的三个孩子留下几百万美元遗产。而他们捐献的最主要形式就是通过“比尔及梅林达·盖茨基金会”，这是世界最大的慈善基金会。

梅林达是这个基金会的发起人，比尔·盖茨也曾多次表示，如果没有梅林达，很有可能就没有这个基金会。当初，梅林达一次偶然的非洲之旅让她看到了这里的落后。他们看到光着脚的妇女不得不头顶着水罐、怀抱着孩子走几英里的路到市场去；无数饿得皮包骨的孩子在路上流浪……这一切都让善良的她感到难过。回到美国之后，夫妻二人就找来当年的《世界发展报告》，里面描述的内容更加令人震惊。就这样，比尔·盖茨夫妇决定成立一项基金，专门帮助非洲妇女和儿童。

尽管他们对非洲的医疗和贫困问题投注了金钱和热情，但梅林达并不认为仅凭自己的力量就能够解决这些问题，而是需要全世界善良的人们都行动起来。她表示："相对于问题而言，我们的努力只是沧海一粟。"

故事微语

当我们对未来还充满了懵懂和憧憬的时候，我们常常会幻想着，未来的我们究竟会过着怎样的生活，或许我们会想到很多场景，但无论如何幻想，其实我们都是在过着属于自己的平凡人生。

平淡地生活并非是没有希望的一潭死水，也绝不是无欲无求、碌碌无为，而是应该抛却所有杂念，在自己做好的人生规划上，勇往直前。当我们去掉那些无谓的羡慕、彷徨和迷茫，开始珍惜我们所拥有的生活，那么，我们就能够收获内心的恬静。

与其有时间羡慕别人的生活，倒不如用这些时间将自己的生活变得丰富多彩。想想看，只有自己想要的生活才能让自己感觉到幸福。很多事情不需要拿自己跟别人比较，也不需要跟人过多地争辩什么。所谓不平凡的人生，其实放大到每一件小事去观看，才发现，其实都是由这些平凡生活所积累而成的。

心灵箴言

生活只有在平淡无味的人看来才是空虚而平淡无味的。

——[俄] 车尔尼雪夫斯基

时间带走一切，长年累月会把你的名字、外貌、性格、命运都改变。

——[古希腊] 柏拉图

只有平凡的人生才是真正的人生。实际上只有远离矫饰或特异的地方，才真实。

——[荷] 菲迪拉

学会忘却，就好似人生旅途中的休憩

故事话题

房产大亨潘石屹曾经有一个非常严重的心结，在接受媒体采访的时候，他讲了这样一个故事：

在潘石屹的心理，有一位让他恨过、埋怨过的亲戚，是他的一位远房表叔。在他小时候，潘石屹的成绩非常好，当时他加入少先队的时候，因为太过高兴，就和站在身边的其他同学说话，碰巧让同样在这所学校当老师的表叔看到了。表叔让他站到讲台上，有很多学生在下面嘲笑他。这个场景让潘石屹记忆犹新，觉得非常耻辱。

这件事情，潘石屹记恨了几十年，甚至将表叔的名字写在一张所谓的“仇恨清单”上。他曾经给自己的父母买了一辆很轻便的轮椅，但是因为表叔腿脚不好，父母就将轮椅送给了表叔，为此，潘石屹在家里大发雷霆。甚至直到这位表叔过世，他都没有原谅。直到后来，随着年龄的增长，潘石屹终于领悟到“忘却”的重要性，他亲手将“仇恨清单”烧毁了。他自己说：“随着纸的燃烧，我在这个世界上，也就没有仇恨了，我解放了自己。”

故事解析

在我们每个人的心理，都有自己不愿意忘却的过去，或是辉煌的成绩，或是不快的过往，这一切都让我们内心苦闷不已。过分沉迷过往，只能让我们忘记睁开眼睛，看到现在。潘石屹，作为地产界大亨，在纠结过去的私人恩怨的时候，同样也不会快乐，这就是被仇恨蒙蔽了双眼。

可是当他决定忘却这一切的时刻，相信他是无比轻松的，有些事情发生了就发生了，就让它过去。能够忘却，也是一种获得快乐的能力。

忘却那些能够造成我们内心沉重的包袱吧，如果将我们的人生形容成为一场旅行，那么这些会影响我们心情的过往就如同沉重的行李。如果想要到达人生的远程，那么就请忘却那些包袱，轻装上阵，因为只有这样，我们才能更容易快乐起来。

故事穿越

忘却，不仅能够让我们收获到平静的内心，同时也能够让我们获得友情。毕竟没有人喜欢和耿耿于怀的人成为朋友。

阿拉伯著名的作家阿里先生平时很喜欢旅行，尤其是和几个朋友一同出游，感到别有一番情趣。有一天阿里和吉柏、马沙两位朋友一起出门，三个人走到一处山谷的时候，马沙一不小心差点掉下去，幸好吉柏拼命拉住他，这才将他救上来。为了感激吉柏，他在附近的一块石头上刻下一行小字：“某年某月某日，好友吉柏救了我一命。”

经过了这样一段有惊无险的小插曲，三个人继续前行，享受着快乐的旅程。几天之后，马沙和吉柏因为一件非常小的事情吵了起来，甚至还动起手来，吉柏一气之下打了马沙一耳光。阿里在旁边看着，连忙拦住已经吵红眼的二人，马沙怒而离去。阿里找到他的时候，发现他正好在沙滩上，同样也写着一句话：“某年某月某日，吉柏打了我一耳光。”

阿里看到这句话，就问道：“马沙，为什么你把吉柏救你的事情刻在石头上，而把他打你耳光的事情记在沙滩上?”

马沙回答说：“永远感激吉柏救我，至于他打我的事，我会随着沙滩上字迹的消失而忘得一干二净。”

阿里听了之后，觉得非常有道理，就把这个小故事流传开来。

故事微语

我们忙忙碌碌，一路走来，总是容易在生活中迷失自我，其实在闲暇时，抬头望望天空，看着从乌云缝隙里钻出的斑驳阳光，重新拾起前行的勇气和信心。

快节奏的生活，有时让我们很难透过气来，那么“忘却”就成为了我们人生旅途中休憩的驿站。回望来时路，我们常常会在内心深处问自己，我们坚持的是什么？想想丢下了什么，还有什么可以丢下的。只要心灵轻松

一些，任何“忘却”都是一种努力。所以在驿站休息过后，就坚定地走吧，毕竟梦想在远方、未来在远方，终点也在远方！

“忘却”是一种无形的力量。我们的内心就是我们前行的动力，如果内心之中充满了泥潭，那么我们只能止步不前；如果我们内心充满的是一片清澈的溪水，那么我们的脚步会变得轻盈。不要让心灵成为堆积钱财货物的百年暗室，而要让它成为发散真善美的永恒光源！

每个人都有对过去的一段记忆，无论这份记忆是好是坏。有些人认为“忘却”等于失去自我，其实这不过是一种狭隘的认知。有很多事情，铭记于心，但是对于那些所谓的负面情绪，和因为负面情绪带来的种种负面影响忘却，才是真正的“忘却”。

心灵箴言

正义之神，宽容是我们最完美的所作所为。

——[英] 华兹华斯

只有勇敢的人才懂得如何宽容；懦夫决不会宽容，这不是他的本性。

——[俄] 斯特恩

生活过，而不会宽容别人的人，是不配受到别人的宽容的。但是谁能说是不需要宽容的呢？

——[俄] 屠格涅大

正视压力，成为现实中的巨人

故事话题

人活在世，每个人都会面临或大或小的压力，因为个人所处的环境不同，压力的大小也不同。然而，能够正视压力，能够对抗压力，才能够真正走上成功的道路。

1832 年，林肯面临一个巨大的困境——他失业了。

当时他刚刚下定决心要走政治道路，要竞选州议员，但是他竞选失败了。紧接着，林肯着手开办自己的企业，但是很快这家企业又倒闭了。在此之后的 17 年的时间里，他不得不为了偿还债务而四处奔波。

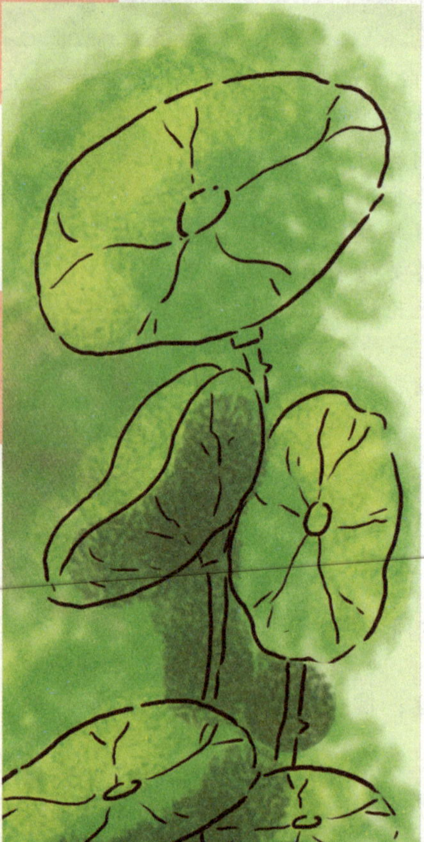

1835 年，林肯和自己心爱的姑娘订婚了，可就在离婚礼几个月的时候，他的未婚妻不幸去世。

1838 年，林肯再次决定竞选州议会议长，命运依然没有善待他，他再次落选。

1843 年，林肯参加竞选美国国会议员，可是仍然没有成功。

……

在短短的 10 年时间里，林肯经受了人生之中太多的挫折，甚至他身边的朋友都在劝他，现实太残酷了，你无须再去做些什么，与其这样倍受打击，倒不如找找其他工作。

可是在这样巨大的压力面前，林肯依然没有倒下，1846 年，林肯终于当选国会议员，开始了他的政治生涯。

在两年任期结束之后，林肯决定争取连任，然而民会并没有选择他。之后，林肯并没有放弃自己的梦想，最终在 1860 年，他当选为美国总统。

故事解析

压力是每个人都有的，有些人能够勇敢地承担起这份压力，那么他必然成为生活中的强者，比如林肯。当然，也会有人因为扛不住这份压力，而选择逃避，那么自然而然生活也选择放弃。

可以说，林肯在面对失败的时候，他的压力不会比任何人小，他要面对的，不仅仅是自己失败的局面，还有经济方面的压力，更有情人离世的痛楚。可是他并没有选择放弃，或者回避。他的这份直面压力的勇气，不仅成就了他最终的成功，同样也让当初支持他的选民看到了一个面对困难绝不服输的领导人。

所以，压力并不可怕，可怕的是，我们没有面对压力的信心和勇气。

故事穿越

白岩松，著名的央视主持人和新闻评论人，作为新闻工作者，他每天面对的都是层出不穷的新闻事件，他的压力可想而知。有很多人因为无法承受这种巨大的压力而导致精神衰弱，或者是干脆离开这个行业，可是数十年如一日，白岩松从未放弃过自己的理想。

曾经有一次，陈鲁豫在采访中坦然问道："面对这样高强度的工作压力，你是如何应对的呢？有什么好的方法吗？"

白岩松的回答就如同英国前首相劳合·乔治一样，只有四个字："学会关门。"这样简短的四个字，就是白岩松缓解压力的秘诀。

平日里，我们常常能够在电视上看到白岩松的身影，他不苟言笑，一本正经，用他那富有磁性的嗓音分析着各种各样的时事问题——从暴

风雪到大地震，从农村改革到医改。而网络上也存在很多关于白岩松的话题——有反对抵制家乐福而被骂成卖国贼、汉奸的；有写了篇血性文章而被称作民族脊梁的。

身为公众人物，白岩松坦言，新闻主持人这个行业同样也是名利场，因为一个公众人物在大众的视野里，能够在短时间内成为所谓的“民族脊梁”，也很有可能转眼之间就被骂成是“卖国贼”，仿佛每天都活在别人的舌头下，任何人一点点的话语权都能把主持人淹没。如果没有一扇门将这些屏蔽在生活之外，那么别说是对抗压力，甚至连活下去的勇气都没有了。

在心里树立起一扇无形的门，将所谓的压力对抗在心门之外，那么外面的一切都和自己没有关系。当工作结束之后，就让自己回到真正的生活之中，做回自己……白岩松说话直接且犀利，常常因为一针见血的点评而得罪旁人，正如他所说，能够抵挡得住外界的流言蜚语和工作压力，正是因为他懂得关“门”。

故事微语

当我们开始了自己的人生旅程的时候，我们首先要面临的就是“竞争”，不管你现在是学生，还是已经参加工作，总是要面对。有竞争，自然就会有压力。除此之外，我们还需要面对亲情、友情等多方面情感因素，面对他们的期望，自然而然也会感受到压力。所以，如何面对压力，就成为一门学问，一门能够决定你成功还是失败的学问。其实关于压力，并没有其他的方法，只有勇于正视压力，学会承受压力，我们才能在日趋激烈乃至残酷的生存竞争中，永远立于不败之地。

曾经有人这样说，压力就好比是弹簧，你弱它就强，你强它就弱。的确，压力和我们内心的坚定就好似此消彼长的关系。

在面对压力的时候，有一些人总会不自觉地选择逃避，其实逃避并非是解决压力的最好途径。当你选择逃避的时候，压力也好，困境也罢，并没有因为你的选择

而得到根本的解决，甚至很可能因为你的逃避而变得愈发艰难。如果想要成功，如果想要完成梦想，压力就是通往成功道路上的绊脚石。正视压力，学会缓解压力的有效办法，才能让压力变得不再可怕。

心灵箴言

有压力才会有动力，有动力才能坚持进步

——雷锋

生活就像海洋，只有意志坚强的人，才能到达彼岸。

——[德] 马克思

人们最出色的工作往往在处于逆境的情况下做出。思想上的压力，甚至肉体上的痛苦都可能成为精神上的兴奋剂。

——[英] 贝弗里奇

BUS

第三篇

感恩，爱上不抱怨的世界

感恩，是对生活的一个态度，感激朋友们在关键时刻伸出的援手，感谢亲人时刻给予我们的关怀，甚至感谢大自然的馈赠，感谢竞争对手带给我们一场最有意义的赛跑。当我们心怀感恩，那么这个世界上所有的抱怨都将化为乌有。

不抱怨，内心便会平静似水

故事话题

有人说，怨言，是世界上最无用的语言，因为它既不能帮助你解决困难，也不能让你发泄心中的不快，反而成为你成功道路上的障碍。

以前有一个人，他平日的生活里总是觉得上天不公。有一天，他经过一块农田，恰好这里刚刚经历了一次洪水的侵袭，原本长势良好的庄稼被洪水无情地毁坏，一片狼藉，惨不忍睹。这时，远处一个正在劳作的农民闯入他的视线。他有些好奇，庄稼都已经被洪水糟蹋成这样了，这位老农在这里做什么呢？于是他就走上前去，看着老农正在卖力地补种庄稼，汗水大滴大滴地从他的脸庞滑落，可是老农却没有展现出一丝沮丧的神情。

这个人好奇地问道：“老人家，庄稼都被洪水毁掉了，您难道一点都不沮丧吗？”

老农看了他一眼，一边继续弯腰补种庄稼，一边回答道：“年轻人，你要知道抱怨是一点用处都没有的，那样只能让事情变得更糟糕。这都是上帝的安排，洪水虽毁坏了我的庄稼，但是却带来了丰富的养料，我敢保证今年一定是个丰收年。”

年轻人听完之后，终于领悟了。后来，他通过自己的努力成为一名药剂师的助手。平日里他很喜欢研究，在当时，市场上根本就没有适合婴儿食用的奶粉，所以婴儿死亡率非常高。于是他就开始研究适合婴儿食用的奶制品。每次当他实验失败的时候，他就想起老农对他说过的话，对待困境，不要总去抱怨，而是以积极的心态去面对。终于在1876年，他研究出适合婴儿食用的奶粉，并且成立了自己的食品公司。由于他研制的奶制品挽救了一名因为母乳不足的婴儿的生命，从此他的公司被人们所熟知。

这名年轻人就是亨利•内斯特，他所创立的公司叫雀巢。

故事解析

正如这个故事中所说，在困难面前，抱怨不过是一场毫无用处的发泄，对待困难本身毫无用处，甚至有可能因为抱怨产生的负面情绪而让事情变得更加糟糕。每个人都会遇到各种各样的困境，那么在遭遇困境的时候应该如何去做？

或许我们解决困难都会有各自不同的方法，但是这个方法一定不会是毫无用处的抱怨。抱怨，只会消磨你的意志；抱怨，并不能减少你心中的苦闷；抱怨，也许只是你停止向前的理由。

所以，面对困境，不要抱怨，也不应该抱怨。因为我们在所难免地总会遇到各种不如意事情，没有人能够一帆风顺，挫折是人生必不可少的课题。

既然如此，为何我们不怀着一种豁达的心态去面对它呢？抱怨越多，你只会越痛苦，越消沉，只有用最坚强的微笑，用最宽广的胸怀去面对一切，你才能获得更多的快乐，生命也才会更加绚烂美丽。

故事穿越

提到贝多芬这个名字，或者很多人都会想到《月光奏鸣曲》《命运交响曲》，或者是天才钢琴大师的名誉。贝多芬在学琴、创作的道路上，经历了太多的坎坷，甚至在旁人眼中，这种困难已经足以摧毁任何一位年轻人。

贝多芬的一生充满了坎坷和不幸，他的童年毫无幸福可言，为了让他成为所谓的神童，他的父亲天天对他非打即骂，强迫他学习钢琴。好在贝多芬天赋过人，再加上后天刻苦的磨练，水平愈来愈高，连他的老师都自叹不如。所以在他 12 岁那一年，他就被聘为宫廷古钢琴与风琴乐师，开始承担起养家的重任。

接下来的时间里，贝多芬终于能够创作自己喜欢的音乐了，他完成了很多首非常著名的钢琴曲。在这些作品中，常常弥漫着生命的欢愉与热情，而且表现了空前的自由意境，突破了连莫扎特都被束缚的严格形式。

然而，就在贝多芬的钢琴事业一帆风顺，声名如日中天的时候，不幸的命运降临到他身上——他得了耳聋的疾病。对于任何一个学习音乐的人，耳聋都是非常残酷且致命的打击。这就意味着伟大的钢琴大师无法再听到任何一段旋律，更不要提去演奏。

他曾经因为这个打击非常痛苦，逐渐远离人群，但是即便是这样，他都没有想过要放弃钢琴。在这种情况下，贝多芬发誓“要扼住命运的咽喉。”在与命运的顽强搏斗中，在乐曲创作事业上，他的生命之火燃烧得越来越旺盛了。逆境不但没有吓倒他，反而成了他获得强大生命力的磁场。

故事微语

在我们身边总有那么多不如意的事，你会频频听到许多抱怨的声音。如果当你开始表达出你内心的不满——不管是什么，你的工作、家庭、收入、健康或是任何东西，你就会找到更多不满的对象和事物。

人的欲望是无止境的，当你在抱怨身边的事的时候，你不仅无法如愿，而且还会使得自己变得不快乐，变得更累。

所以，不要抱怨你的不如意——不要抱怨你的父母穷，不要抱怨你没有一个温暖的家，不要抱怨你的工作差、工资少、工作累，不要抱怨你空怀一身绝技没人赏识你……生活之中总会有太多的不如意，当你没办法去改变你不如意的事的时候，就只能去尝试着改变自己——改变自己的想法，改变自己的态度。只有这样才能把不如意的事抛在脑后，让快乐贴身跟随。

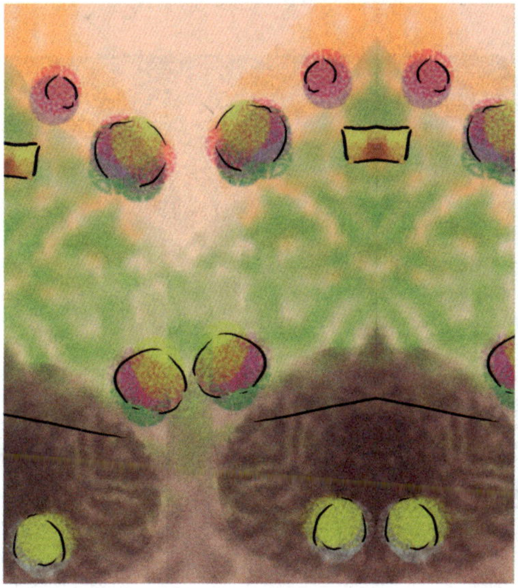

有些时候想想，人生不过如此，又有什么值得你去伤悲的事呢？改变自己的态度和想法，做个不抱怨的人，就会把我们的生活编织的更加美好。

心灵箴言

永不抱怨的人生态度才是第一位的。

——马云

人生是不公平的，习惯去接受它吧。请记住，永远都不要抱怨！

——[美] 比尔·盖茨

如果我写了一千页，过筛以后，八百页扔进字纸篓，只留下二百页精华，我也绝不抱怨。

——[奥地利] 茨威格

来吧——挫折，这挫折使平坦的大地艰险难行！来吧——锥刺，这锥刺使你坐卧不宁，只有前进！任凭我们的欢乐中含有三分不幸，奋斗吧，咬紧牙关使足全身的劲；求知吧，哪怕历经艰险，困难重重；鼓起勇气吧，决不抱怨临终前的苦痛！

——[美] 勃朗宁

要感恩，生活处处充满阳光

故事话题

感恩，让生活变得更加美好，让世界变得更加和谐。心怀感恩，才能感受到更多美好的人和事。

日本歌伎大师勘弥就是个懂得心怀感恩的人，他也时常这样教导着自己的学生。有一次，勘弥正准备登台表演，这一次他扮演古代一位徒步旅行者。正当他准备上场的时候，一个学生走到他身边对他说：“师傅，你的草鞋带松了。”

勘弥非常诚恳地说道：“谢谢你。”说完，他就立刻蹲下身，将鞋带系紧。可是当他走到学生看不到的角落的时候，他又蹲下去，把刚刚系紧的鞋带又弄松了。原来，他是想借着鞋带这个细节来表现出长途旅行者的疲倦。

这一幕恰好被一个记者看在眼中，等到采访的时候，他就直接问道：“勘弥先生，您当时为什么不借此机会教导您的学生呢？这些细节才是演戏的真谛啊！”

勘弥笑着回答道：“要教导门生演戏的技能，机会多的是。在今天的场合，最要紧的是教导他学会感激别人对自己的关心。”

故事解析

我们在成长的道路上，总是会遇到别人的帮助，哪怕仅仅是一个善意的提醒，对于我们而言，都是一份小小的关心。勘弥大师通过这个小小的细节让自己的学生懂得，去感谢别人对自己的关心。

其实，感恩是一种处世哲学，是生活中的大智慧。感恩朋友们的友

善，感恩陌生人一个善意的微笑，感恩同事之间的互助，甚至是感谢大自然的馈赠。你感恩生活，生活将赐予你灿烂的阳光；你不感恩，只知一味地怨天尤人，最终可能一无所有！

当我们真的做到心怀感恩，那么我们的生活总会有让我们感到温暖的人和事，就能够激发我们挑战困难的勇气，进而就演变成获取前进的动力。英国作家萨克雷说：“生活就是一面镜子，你笑，它也笑；你哭，它也哭。”所以，当我们开始用感恩的心态去看待这个世界，那么世界也会回报你一个美好的世界。

故事穿越

当我们面对朋友善意的提醒的时候，我们常常知道心怀感激，但是当我们面对人生的挫折或者不幸遭遇的时候，更应该心怀感激。

美国前总统罗斯福就常常抱有感恩之心。有一天晚上他回到家中，突然发现，家里遭贼了，很多珍贵的物品都被洗劫一空。很快，这件事情就传到了他的朋友那边，为了安慰他，朋友特意写来一封慰问信。

罗斯福看完信之后，提笔写了一封回信，信的内容非常有趣，他写道："嘿，我亲爱的朋友，非常感谢你能来信安慰我。无须担心，我现在很好，甚至感谢上帝。第一，小偷偷走的只是我的东西，而没有伤害我的生命；第二，小偷只偷走了一部分东西，而不是全部；第三，最值得庆幸的是，做贼的是他，而不是我。"

被小偷偷窃，遭遇财物损失，对很多人来说，绝对称得上是不好的事情，但是罗斯福却找到了三条理由来感激生活的遭遇。

是的，在困境面前，我们更应该怀有感恩之心，就如同有人这样说过的："当我成功之后，我会感激那些曾经刁难过我的人，正是因为他们，才让我迅速成长。"

故事微语

人们常说，感恩是生活中最大的智慧。因为“感恩”既能够消解内心所有积怨，也可以涤荡世间一切尘埃。人生在世，我们总不会一帆风顺，那些必须经历的失败、无奈都需要我们勇敢地面对，豁达地处理。

当我们拥有了感恩之心，我们便更加感谢那些对我们有恩却不图回报的每一个人。正是因为他们的存在，我们才有了今天的幸福和快乐。

常怀感恩之心，便能够给予别人更多的帮助和鼓励，从中获得最大的快乐，便能对落难或者绝处求生的人们伸出自己的援助之手，而且不求回报。常怀感恩之心，对别人对环境就会少一分挑剔，多一分欣赏。

这一份感恩之心，让我们懂得为自己的过错或罪行，去发自内心忏悔并主动接受应有的惩罚；感恩之心又可以稀释我们心中狭隘的积怨和怨恨，帮助我们度过痛苦和灾难。常怀感恩之心，我们便能够生活在一个感恩的世界。

心灵箴言

鞠躬尽瘁，死而后已。

——诸葛亮

人家帮，永志不忘；帮人家，莫记心上。

——华罗庚

慈母手中线，游子身上衣……谁言寸草心，报得三春晖。

——孟郊

蜜蜂从花中啜蜜，离开时营营地道谢。浮夸的蝴蝶却相信花是应该向他道谢的。

——[印度] 泰戈尔

卑鄙小人总是忘恩负义的，忘恩负义原本就是卑鄙的一部分。

——[法] 雨果

不失落，人生何处不相逢

故事话题

提到娄师德这个名字，或许很多人并不清楚他究竟是何许人也。他是唐代大臣，为唐高宗、武则天两位君主效命，以谨慎忍让而闻名。司马光评价他为“宽厚清慎，犯而不校”。司马光之所以给他这个评价，是有原因的。

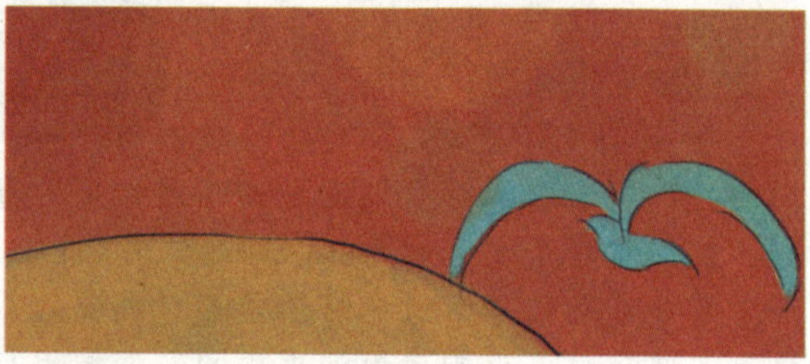

在盛唐时期，娄师德在整个朝廷之中，并不算特别出彩，和他同等官阶的官员们大都瞧不起他。凤阁侍郎李昭德骂他是乡巴佬，就连名相狄仁杰也非常看不起他，甚至想要将他排挤出朝廷。

对于这些，娄师德心里非常清楚，有人曾直接问他：“你知不知道凤阁侍郎李昭德骂你是乡巴佬？”

娄师德笑笑说：“知道，可是我不当乡巴佬，谁当乡巴佬呢？”

众人只当他是怕得罪人，而狄仁杰听闻后愈发看不起他。朝廷之中的官员斗争，高高在上的武则天当然知道。有一天，她将狄仁杰叫过来问道：“朕如此重用你，你可知为何？”

狄仁杰回答说：“是因为我文章出色、品行端正，所以受到了陛下的重用，并不是无所作为依靠别人的。”

武则天说：“我曾经不了解你，你受重用，其实是娄师德的功劳。”说完，她便命令侍从拿来奏折，竟然有十几篇推荐狄仁杰的，都是娄师德所写。狄仁杰看了之后，非常自责，道：“我没想到竟一直被娄大人包容！然而娄公从来没有自夸的神色。”

故事解析

失落，是人们非常普遍的一种情绪，当我们对待某个人或者某件事情怀有特别高的期望的时候，当它们没有达到自己心中的预期，自然而然地就会产生失落的情绪。当我们沉沦于是失落的情绪而无法自拔的时候，那么失落只能成为你的情绪包袱。

娄师德作为唐朝的一名大臣，他发现了狄仁杰的才能，并且向武则天举荐了他。这在古代相当于知遇之恩，然而作为狄仁杰的伯乐，他却没有享受到狄仁杰的一点尊敬，反而被他处处排挤。若换做普通人，内心的失落之情得有多么严重？然而，娄师德并没有因此而失落，他心里非常清楚，他之所以举荐狄仁杰，是因为他的才能对整个大唐王朝有益处，绝非是希望借此让狄仁杰感激自己。所以他并不感到失落。

这就是一种宽宏的胸襟，当你脱离了自己内心狭隘的期盼，那么失落也就不复存在了。

故事穿越

我们常常心怀梦想，但是当我们开始工作之后，或许才发现，原来自己的梦想离自己非常遥远。但是，只要我们持之以恒，踏实努力，我们始终都在通往离梦想越来越近的道路上。不要让这种梦想的失落感影响你。

曾经有一位美国人，他一心一意想要成为富翁，可惜的是他只是个靠养猪为生的普通人。别人总是嘲笑他不切实际，总是做发财的白日梦。但是他不气馁也不失落。

第二次世界大战爆发之后，他无意中得到了一个消息——前线作战部队需要大量的脱水蔬菜。他立刻卖掉了所有的猪仔，又从银行贷款，买下了当时美国最大的两家蔬菜脱水工厂，专门生产供部队用的脱水土豆。

紧接着，纽约一位化学师研制出了冻炸土豆条。这个年轻人又感觉到这是个商机，他果断地买断了化学师的生产技术，大量生产炸土豆条，产品果然很受大众欢迎。但是这种产品有一个非常不好的缺点，每个土豆只能利用一半，其他的都被当作废料扔掉了。于是年轻人又开始利用这剩余的土豆加入谷物作为牲口饲料，饲养了前线15万匹军马……

整个二战之中，这名年轻人就利用土豆生产了一系列的产品，所获得的利润超过了6亿美金。他就是被称作“土豆富翁”的辛普洛特。

辛普洛特从最初一个养猪的年轻人，发展到最终的“土豆富翁”，尽管在最初，所有人都不相信他一个养猪的小伙子能够成为大富翁。

故事微语

我们在圆梦的过程中，总会遇到各种各样的事情，甚至会有人对我们的梦想说三道四，如果辛普洛特因为这些流言蜚语而产生了失落情绪，那么他还能够如此钻研土豆系列产品吗？答案我们不得而知，可是如果我们对于梦想全力以赴，即便是失败了，也不失落，那么又有谁能够真的断言我们一定会失败呢？

有的时候，人就像一颗土豆——有的能力像土豆皮，只能干相对较小的事情；有的能力像土豆芯，可以做大一点的用途。那么，我们把生命当成一个土豆，充分利用它的每一个潜能，人生才会有所超越。

失落，对于我们的前进方向，没有任何好处。当我们陷入失落的情绪里，总会对自己的一切产生怀疑——质疑我们是否真的有能力去完成梦想，质疑我们的梦想是否真的不切实际，质疑成功的道路究竟还有多远……太多的负面情绪会让我们精疲力尽。既然如此，我们为什么还要去失落呢？未来的时光里，总会有我们的一席之地，只要我们肯勇敢地大步前行，成功就在不远的前方等待着我们。

心灵箴言

心如大地者明，行如绳墨者彰。

——刘向

有时宽容引起的道德震动比惩罚更强烈。

——[苏联] 苏霍姆林斯基

一个伟大的人有两颗心：一颗心流血，一颗心宽容。

——[美] 纪伯伦

心胸开阔：不要为令人不快的区区琐事而心烦意乱，悲观失望。

——[美] 富兰克林

在这个世界上想有所成就的话，我们需要的是豁达大度，心胸开阔。我一向主张做人要宽宏大量，通情达理。

——[美] 辛克莱·刘易斯

请深爱，种种情谊皆是情

故事话题

友情，是每个人都需要的一种情感寄托。关于友情的历史典故非常多，最令人心神向往的莫过于“高山流水遇知音”。

春秋战国时期，伯牙的琴技非常出色，后来他成为晋国的大夫。有一次他奉命出使楚国，因为天刮大风，船无法继续行走，就只好停在汉阳江口。很快，风平浪静之后，一轮圆月挂在空中。看到此情此景，伯牙琴兴大发，便开始弹琴。一曲即终，一个樵夫从草丛里跳了出来，对伯牙的琴技赞叹不已。这名樵夫就是钟子期。

两个人临江而坐，开始侃侃而谈，因为音律相通，就越聊越兴奋。伯牙感慨道：“相识满天下，知心能几人。”于是就和子期结为兄弟，并且约定明年中秋还在此地相会。

然而，第二年中秋，伯牙却没有等到子期，子期因病过世。这个消息让伯牙非常难过，在子期的坟前，他弹了一首《高山流水》，曲终之后，他拿出匕首挑断琴弦，并仰天长叹：“知己不在，我鼓琴为谁？”说罢，就将瑶琴打破，再也不弹琴了。

故事解析

曾有多少人感叹过知音难寻？知音，是友情的升华，是一份世界上最难能可贵的情感。古人有云：“恩德相结者，谓之知己；腹心相照者，谓之知心；声气相求者，谓之知音。”

伯牙子期，成为中国古典文学当中最让人心生向往的一份友情。我们时常会说，朋友是带给我们快乐的源泉。现如今，关于朋友也有了更多的叫法——闺蜜、最佳损友、死党……但不管称呼如何改变，却都无法改变我们内心深处对友情的认知和肯定。

人活于世，最难得的就是拥有几个和自己心意相通的朋友。当我们拥有了友情，即便是在寒冬之中，也能感受到来自朋友的阵阵暖流；当我们拥有了朋友，即便是在困境之中，也能感受到朋友手中无形的力量。

故事穿越

友情，让我们感受到他人的友善和快乐的源泉，而另一种情感，则是让我们领悟到知识的力量，这就是“师生情”。在中国古代，非常讲究尊师重道，正所谓“一日为师，终生为父”，所以也留下了很多关于师生情谊的典故。

在宋朝，有两位年轻人——游酢、扬时跟随师父程颐老夫子学习。冬季的某一天，天下大雪，这两个学生在老师的身边听课。过了没多久，程颐让他们好好思索一下刚才所讲，就开始闭目养神，结果一不小心，程颐睡着了。

两个学生腿都麻木了，但是也不敢动，生怕吵醒老师，就这样静静地站在两边。程颐醒来之后一看时间已经过去很久了，就问道："你们怎么还没回去啊?"

两个学生回答道："先生您睡着了，我们没有向您请命，不敢离去。"

程颐挥了挥手就让他们离开了，等他们打开房门，这才发现原来外面的雪已经三尺深了。

尽管在现在，我们对老师的感激之情并不需要这样做，可是在我们心里应该清楚，父母养育我们，师长教导我们，都是一份给予，尊重他们的同时，就是尊重我们自己。

故事微语

人，都是有感情的，因为在我们的生活之中充满了太多的情感——亲情、师生情、友情、爱情，所以感情对于我们而言，是非常重要的。当我们从生活中汲取了太多感情的养分，那么我们就非常容易感到幸福和快乐。

同理，当我们在和别人交往的时候，也同样需要交付情感，因为只有这样，才能让我们改变生活中的枯燥和冰冷，让世界联系到一起。就如同那首歌所唱："只要人人献出一点爱，世界将变成美好的人间。"

在和人交往的过程中，请多一份关爱，少一点喝斥；多一份忍耐，少一点暴烈；多一份尊重，少一点菲薄；多一份宽容，少一点任性。

人有千种，世有百态，每个人的品味、性格、素养都存在差异。与人交往，就好似是一桌酒席，爱是主食，宽容、理解、信任、尊重就是一道道菜，欣赏、幽默、趣味就是酒和饮料，只有同时具备上述几个品种的酒席，才算得上完美无缺的酒席。难道不是这样吗?

心灵箴言

与朋友交，只取其长，不计其短。

——李煜

傲慢亵狎，导人为恶者，损友也。

——朱熹

交朋必择胜己者，讲贯切磋，益也。

——何坦

君子与君子以同道为朋；小人与小人以同利为友。

——欧阳修

我存在，我骄傲，我珍惜，我思故我在

故事话题

爱迪生自幼就是喜欢提一些怪问题的孩子。他看到了鹅舍里的母鹅在孵蛋，他就问母亲，母鹅总是成天坐在那里是在做什么呢？母亲回答说，母鹅正在孵蛋。结果当天晚上，父亲回来的时候，看见爱迪生正一动不动地蹲在木料房里，他就过去问儿子在干吗，爱迪生立刻回答，我也在孵蛋。

不过因为爱迪生常常提一些在大人眼里看来是莫名其妙的问题，导致他被学校劝退了。爱迪生的母亲非常生气，她从不认为儿子提问有任何错误，于是就下定决心，要在家里教育孩子。在爱迪生 12 岁那一年，有一天早晨，爱迪生突然跑去和妈妈说，他要去卖报纸。父母都非常反对，毕竟爱迪生太小了。可是架不住他软磨硬泡、再三请求，父母只好同意了。

爱迪生在卖报纸的过程中发现，光卖报纸不赚钱，于是他就在底特律下面开了两个“分店”，一个专门卖杂志，另一个还卖水果等零食，为此他还专门雇了两个少年帮忙看店。之后不久，铁路又增加了一班车次，爱迪生又找来一个报童专门在火车里贩卖。

故事解析

独立思考，是上天赐予人类的一项非常独特的能力，当我们开始思索起未知的问题的时候，总能够收获到别样的快乐。

爱迪生之所以能够问如此之多的怪问题，是因为他看到什么都会在脑海里思考。正是通过这样的思考，才让他得到了很多知识。在爱迪生建立了属于自己的实验室之后，他在墙壁上挂上了一句雷诺爵士的语录：“人总是要千方百计地去逃避真正艰苦的思考。”在这句话之后，爱迪生又加了一条：“不下决心培养思考习惯的人，便失去了生活中最大的乐趣。”

是的，思考是人类特有的能力，运用这份能力，不仅能够改变我们的生活，也能让我们收获快乐。试想一下，当我们因为一道难题而百思不得其解的时候，经过很多种方法，最终找到了解决的方案，那种满足感，那份快乐，才是最珍贵的财富。

故事穿越

善于思考，不仅仅是要给自己培养的一种良好的习惯，同时也要注意培养他人。伟大的科学家爱因斯坦就非常重视培养青少年勤于思考的习惯。

在爱因斯坦晚年时期，他住在美国普林顿一所简朴的木板房子里，邻居家有个十一二岁的小姑娘。小姑娘非常活泼，每天放学后，她总是喜欢到爱因斯坦家里来看望这位白发苍苍的科学家。爱因斯坦也很喜欢这个女孩子，还时常抽查她的功课和作业。

有一天，小女孩拉着他的手，指了指课本上的一道题，亲昵地问：“爱因斯坦爷爷，这道题怎么做？”

爱因斯坦和蔼地说：“孩子，你要学会独立思考，不要一碰到困难就向别人伸手。”

小姑娘就沉下心来自己思考，如果实在是想不出来解题思路，爱因斯坦也会给她一些启发说：“我可以给你指个方向，但是，答案还得用你的头脑去找！”

爱因斯坦之所以如此重视培养青少年独立思考的能力，也是通过自己的经验总结出来的。从小他就是一个喜欢思考问题的少年，在他 14 岁那一年，他就已经能够自主地去学习几何和微积分了。这样高难度的学习中，自然会遇到各种各样的难题，可是爱因斯坦绝对不会随随便便就去向别人询问答案，而是向别人请教“请给我指引一个解题思路”，或者是“不要把答案直接告诉我，留着让我自己去思考”。正是因为有这样独立思

考的精神，爱因斯坦最终成为了杰出的科学家，

让我们谨记爱因斯坦的名言："学习知识要善于思考，思考，再思考。我就是靠这个方法成为科学家的。"

故事微语

独立思考，是人类特有的能力，也是我们成长道路上必不可少的基础。在经历了独立思考之后得到了最终答案，整个过程让我们能够感到一种满足的愉悦。而独立思考本身并不仅仅存在于学习之中。

当我们走进社会，人更应该学会独立思考，并且更要认识到独立思考的重要性。我们常常听到这样一句话："社会是个五颜六色的大染缸，社会也是丰富多彩的大课堂。"是的，在生活中，我们总会面临到各种各样的诱惑和考验，这时候，独立思考的重要性就体现出来。

毫不夸张地说，独立思考是我们理智的一扇屏障，更是指引我们前行的一盏明灯。当我们在人生的旅途中迷失之后，独立思考总能够将我们带入正确的轨道。

心灵箴言

要独立思考问题，不要人云亦云。

——[美] 爱默生

独立思考，实事求是，锲而不舍，以勤补拙。

——周培源

独立思考和独立判断的一般能力，应当始终放在首位。

——[美] 爱因斯坦

不要迷信权威，人云亦云，要树立独立思考的科学精神。

—— 谈镐生

Smile

第四篇

乐观，足以改变自己、改变世界

乐观，是一个面对挫折依旧坚定如初的笑容，是一份最轻松心态，是一种永不言败的精神。在我们奋斗的过程中，总会遇到很多，无论好与坏，只要心是乐观的，那么还有什么能够难道我们吗？

有一种梦想叫做不放弃

故事话题

吴宇森作为香港著名导演，他拍摄的经典电影《英雄本色》展现出男人之间的兄弟之情、义薄云天，以独特的“暴力美学”，开启了电影艺术的新类型。然而在吴宇森追求电影梦想的过程中，和很多成功人士一样，他遭遇了很多打击：

吴宇森自幼就非常喜欢看电影，曾经有很长一段时间，他每天都会跑去看晚场电影，电影结束的时候已经接近午夜零点。那时候的他就想，什么时候我也能拍摄出一部电影呢？但是当他把这个想法告诉给父母之后，他的父亲吴倬云极力反对。吴倬云的脑海里还保留着中国旧时文人的传统思想，从来就不喜欢电影，甚至斩钉截铁地说：“你搞话剧都可以，拍电影则绝对不行，因为电影是虚假的，而话剧才是真实的。”

看着父亲这边不支持，他就只好跑去求母亲，可是没想到一向对他疼爱有加的母亲同样反对。他的母亲一直非常希望吴宇森能够好好学习，做个知识分子。为了断绝吴宇森这种看似不切实际的想法，她每次发现吴宇森跑去看电影回家太晚，就会拿着家里的藤条狠狠地打儿子。但是即便如此，吴宇森却从未想过放弃电影这个梦想。

一次偶然的机会，吴宇森阅读了《中国学生周报》，这份报纸上常常会刊登很多具有哲理性和艺术性的文章，他看了一眼就很难再放下。在《中国学生周报》的报社里，也有很多电影爱好者，吴宇森写信给报社，和他们共同交流电影知识，这些都让吴宇森受益匪浅。他曾经坦言说：“没有那时候的《中国学生周报》，就没有今天的吴宇森。”后来，这群志同道合的电影爱好者大家一起打工赚钱，存钱去买胶片和设备，拍摄了一些短小的实验电影。

通过他的锲而不舍，凭借勤奋与执着，终于得到了大导演张彻的赏识，也得到了父母的认可。张彻导演的言传身教，使吴宇森迅速地成长，开启了自己电影世界的大门。

故事解析

我们每个人在小的时候，都拥有过梦想，这个梦想或大或小，可是它支撑着我们整个青春。吴宇森追寻的是他这一代人的电影梦想，相比于很多人来说，这个梦想更加不容易实现，面对如此困境，他从未想过要放弃。对于我们当下很多年轻人而言，又有什么理由放弃呢？

在上学的时候，大家都学过“铁杵磨成针”的故事，这无非就是展现坚持这种高贵的品质。或许对于今天的我们，梦想的确有些遥远，但是当我们持之以恒地走在通往梦想的道路上，梦想还会远吗？

梦想并不是一张空头支票，也不是一座海市蜃楼，当我们真正付出了努力，那么梦想就是我们的明日之星。面对梦想，只有用坚持和信心才能够达成自己最初的目标。

故事穿越

在一百多年前，有一个穷苦的牧羊人带着两个幼小的儿子替别人放羊，赚取微薄的薪水，以此为生。

有一天，他们来到一个山坡上放羊，一群大雁鸣叫着从他们头顶飞过，并很快消失在远方。牧羊人的小儿子问父亲：“大雁要飞到哪里去？”

父亲回答说：“它们要去一个温暖的地方，在那里安家，度过寒冷的冬天。”

大儿子眼神流露出羡慕的神情，说：“要是我也能像大雁那样飞起来就好了。”小儿子也立刻说：“要是能做一只会飞的鸟该多好。”

牧羊人沉默了一会儿，然后对两个儿子说：“只要你们想，你们也能飞起来。你们还小，只要不断努力，将来就一定能飞起来，去想去的地方。”

两个儿子牢牢记住了父亲的话，并一直努力着，等他们长大——哥哥36岁、弟弟32岁时——他们果然飞起来了，因为他们发明了飞机。这两个人就是美国的莱特兄弟。

为了制造出飞机，莱特兄弟尝试过很多方法，通过多次研究和实验，

他们很快得出一个结论——如果想要解决飞机操纵这个关键问题，就必须装上某种能使空气动力学发挥作用的机械装置。按照这个思路，他们在滑翔机上做了几年的实验，最终在1903年制造了第一架载人飞机“飞行者1号”，后来又经过一些调整，最后终于试飞成功，飞行时间超过了5分钟，飞行距离达到4.4千米。

尽管这个成绩在现在看来少得可怜，但是莱特兄弟通过自己对梦想的追求，改变了世界。当我们如今享受着飞机带来的便利的时候，我们不禁回想起，那两个站在草原上看着天空大雁飞过，发誓也要飞起来的少年……

故事微语

当我们还在青春年华的时候，我们都在做梦，幻想着梦想实现的那一天。可是当我们真正走入社会之中，尝试到了太多的压力，看到了太多的诱惑，梦想逐渐地只能停留在我们的脑海之中，有人说，这是成长的代价，但是这不过是自己放弃了梦想的一个借口。

梦想，是人生前行时候的一份信仰，是指引我们前行的指路灯。或许我们最终并不能真正实现自己的梦想，或许现实总是让我们感觉梦想太过遥远，可是这一切都不是放弃梦想的借口，让每一天都充实起来，让每一分每一秒都快乐起来，让我们通过一点一滴的小事去追逐梦想，那么我们就在通往梦想越来越近的道路上。

即便是在今后的旅途上遇到再大的阻碍，也都不要轻易放弃自己的梦想。哪怕我们行将就木，也没达成自己的梦想，我们依然可以骄傲地说不后悔，至少为了梦想，我们奋斗过，拼搏过，这样的人生才足够精彩，这样梦想才不会褪色，因为梦想就是不放弃梦想！

心灵箴言

燕雀安知鸿鹄之志哉！

——陈胜

人生应该如蜡烛一样，从顶燃到底，一直都是光明的。

——萧楚女

路是脚踏出来的，历史是人写出来的。人的每一步行动都在书写自己的历史。

——古鸿昌

人生没有最低谷，只有不断攀登

故事话题

史蒂芬·威廉·霍金，这位当代最重要的广义相对论和宇宙论家，他的事迹可以说是在低谷处永不放弃的楷模。

霍金曾经也是一名非常出色的年轻人，和常人一样，他拥有健康的身体，是牛津大学和剑桥大学三一学院的优秀学生。然而就在他刚刚开始追寻人生理想的时候，他被诊断出患有肌肉萎缩性脊髓侧索硬化症"（运动神经元疾病），导致半身不遂。那时候的他还只是一个年仅二十多岁的年轻人，他的人生之旅可以说是刚刚开始。

面对残酷的命运，霍金并没有放弃梦想，也绝对不向命运缴械投降。他坐在轮椅上，克服着身体残疾的种种困难，继续钻研他的专业。这个时期，他在研究宇宙起源问题上，创立了宇宙之始是“无限密度的一点”的著名理论。

但是厄运还是没有放过他，1985 年，因为疾病，霍金丧失了语言能力，他无法再为自己的理论去四处进行演讲。这对于一个科学家来说同样是一个致命的打击，可是霍金依然没有放弃自己的梦想。为了能够和正常人一样交流，他选择了一台电脑声音合成器——用能活动的几根手指操纵着一个特制的鼠标器在电脑屏幕上选择字母、单词来造句，然后通过电脑播放声音，通常制造一个句子要好几分钟，为了合成一个小时的录音演讲要准备十余天。就是依靠这样的方法，霍金完成了自己的代表著作《时间简史》，成为世界经典名著。

故事解析

我们每个人一生的轨迹就是由各种各样的抛物线组成，有辉煌的顶端，自然也会有人生的低谷，毕竟我们不可能永远一帆风顺。身处低谷的时刻，往往是最考验人意志的时刻。

面对困境，我们该如何昂首走过，这着实是人生的一大学问，更是对意志品质的考验。在很多名人故事之中，我们常常能够看到这样励志的成分，无论是霍金、张海迪被病魔缠身依然坚持学习，还是贝多芬扼住命运的喉咙，坚持音乐创作，对我们年轻人无疑都是一种激励。

身处低谷并不可怕，可怕的是因此而丧失斗志。在任何困难面前，我们的意志就是最好的盾牌，更是成为我们人生航船最好的风帆。

故事穿越

从前有一个男孩，他的父亲是个很普通的鞋匠，依靠自己这门手艺勉强维持着家庭的开销，可是在男孩还很小的时候，他的父亲就因病过世了。为了生活，母亲不得不带着他另嫁。有一天他获得了一个为王子朗诵诗歌的机会，他站在王子面前大声说：“王子殿下，我想写诗剧，并且要在皇家剧院里演出我这部诗剧。”

王子上下打量了这个样子普通的少年，说道：“能够背诵剧本，并不表示能够写剧本，那是两码事，我劝你还是去学一门有用的手艺吧。”

小男孩认为这是王子对自己的鼓励，于是他回到家里拿出自己所有的积蓄，告诉母亲，要去追寻自己的梦想，那时候他只有 14 岁。

他一路观察生活，一边写着自己心中的故事，为了能够让这些故事流传起来，他甚至挨家挨户地按门铃，请他们听自己讲述的故事。很快他的积蓄就花完了，可是他仍然不愿意放弃自己的梦想，即便是衣衫褴褛地流落街头，他依然在朗诵着他写的故事。

终于，在 1835 年，他的故事吸引了儿童的注意，成为儿童世界里最会讲故事的人，他的名字叫做安徒生。

故事微语

人在旅途，总会遇到各种坎坷，而我们的成长也正需要这些坎坷来打磨，中国有句老话“少年得志并非福”也就是这个意思。在困难和挫折袭来的时候，如何面对就成为我们人生的一个转折点——如果我们只能怨天尤人，那么我们必然是失败的；如果我们直面这些困难，哪怕是在人生的最低谷，都不轻言放弃，那么我们离成功还会远吗？

古往今来，任何一个成功的人都经历过很多坎坷——姬昌囚于羑里而演《周易》，孔子颠沛多国而作《春秋》，左秋明双目失明撰写出《左传》、《国语》，屈原放逐乃赋《离骚》，孙膑刖足成就《孙膑兵法》……正如那首歌所唱：“不经历风雨，怎能见彩虹，没有人能随随便便成功”。在困难和挫折面前要有永不言败的精神和毅力，只有这样，才能体现出真正的人生价值，才能演绎出人生的辉煌。

英国首相丘吉尔的“成功秘笈”就是——“第一，决不放弃！第二，决不、决不放弃！第三，决不、决不、决不放弃！”所以，在面对人生任何一次失败的时候，不要轻言放弃，也不要被现实的困难压倒。

心灵箴言

我可以接受失败，但我不能接受放弃！

——[美] 迈克尔·乔丹

一个人只要强烈地坚持不懈地追求，他就能达到目的。

——[法] 司汤达

生活的道路一旦选定，就要勇敢地走到底，决不回头。

——[法] 左拉

要从容地着手去做一件事，但一旦开始，就要坚持到底。

——[古希腊] 毕阿斯

我们最大的弱点在于放弃。成功的必然之路就是不断的重来一次。

——[美] 爱迪生

向着某一天终于要达到的那个终极目标迈步还不够，还要把每一步骤看成目标，使它作为步骤而起作用。

——[德] 歌德

面对未来，我们昂首阔步

故事话题

未来，是充满无限的词汇，是最大的幻想世界。没有人知道自己的未来究竟会变成什么样子，但正是通过现在的努力，我们正在创造未来的自己。

尼克·武伊契奇是现在最受人欢迎的残疾人励志演讲家之一，和很多普通人不同的是，他天生没有四肢，这种罕见的现象医学上取名“海豹肢症”。

他出生之后，他的父母非常震惊，甚至有些不敢相信自己的儿子为什么会是这个样子，更让他们担心的是，这个孩子长大之后该如何生活、如何面对别人异样的目光。

从小，尼克就知道自己和别人是不同的，他没有办法像别人那样去上学、去游戏，可是他却幻想着自己的未来要和那些正常人一样生活、游戏、享受快乐，甚至是拥有一段甜蜜的爱情……

为了成为幻想中未来的自己，尼克开始了自学，不仅如此，他开始尝试设计电子手臂和双腿，希望借此能够让自己真正地站起来。为了能够适应生活，他开始锻炼用自己仅有两个指头的、被称作是“脚”的部位学习洗头、打电脑、游泳、运动……逐渐地，他能够做到和正常人一样。这不得不说是一个奇迹。

2005年，尼克被评为“澳大利亚年度青年”，之后他开始第一次励志演讲。他站在特制的讲台上，通过自己风趣幽默的语言，向大家传递出自己的一个信念——尽管我和别人不同，但是我要和别人拥有同样的未

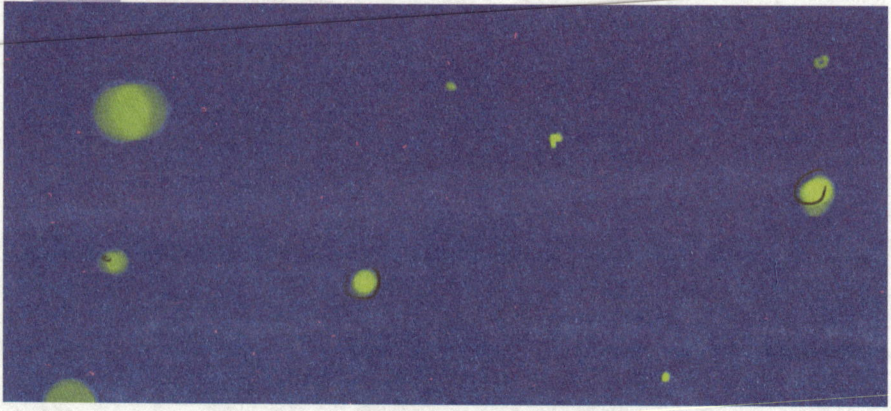

来。面对这样的场面，几乎所有人都被感动了。

不仅如此，尼克也收获了爱情，他曾经说过："虽然我不能牵着妻子的手，但却可以拥抱她的心。"

故事解析

我们常说，要展望未来，因为未来充满了无限可能性。我们必须承认，这就是未来的魅力所在。或许就连尼克的父母都没有想到，尼克能够拥有和常人一样，甚至超越了很多普通人的未来。我们所说的展望未来，并不是在脑海中空想，而是要通过自己的努力去实现。

我们常常会在青少年时期幻想，未来的自己会成为什么样的人，这无非就是一种想象，可是当我们经历了真正的努力，那么幻想就不再是幻想。

未来的任何一切，都是经过现阶段一点一滴的努力积累而成，没有人能够一蹴而就，更不可能真正做到一夜成名。就如同那句老话“台上一分钟，台下十年功”。

展望未来，更不应该忘记现阶段的努力和奋斗，用自己的汗水和勤劳去实现未来的自己吧。

故事穿越

在2000年的10月，年仅18岁的李云迪，一举夺得了空缺15年的肖邦国际钢琴比赛冠军，成为开赛以来最年轻的金奖得主和首位且唯一获此殊荣的中国人。这个消息立刻震撼了古典乐界。

李云迪钢琴启蒙时间比较晚，在他7岁那年，他才开始学习钢琴，那时候的他正在少年宫学习手风琴，一次偶然的机会，他听到了钢琴曲，认为这是世界上最美妙的乐曲。于是当天晚上回到家，他就央求父母，想要学习钢琴。

父母看他如此喜欢，就花费了家中所有的积蓄，又借了一部分钱买来一架二手钢琴，从那时候起，李云迪开始了自己的钢琴生涯。

在李云迪9岁那年，他写了一篇作文，在开头他就写道：“长大了，我要当一名钢琴大师……”为了学习钢琴，李云迪付出了很多，他多次在媒体面前表示，学习钢琴是自己的选择，自己从未想过要放弃。

在李云迪准备考学的时候，他面临一个非常大的难题，尽管当时他已经决定继续走钢琴道路，可是一位老师却说，因为他的手比较小，并不太适合成为专业的钢琴演奏家。这对于李云迪而言，是非常大的打击，因为在钢琴曲中，横跨八个音是最基础的要求，有时候为了适应乐曲本身的节奏和速度，横跨十二个音都不足为过。

但是李云迪没有放弃，他依然坚定自己儿时的梦想——要成为钢琴大师。他跟随老师但昭义举家搬到了深圳，继续刻苦练琴。手小没有关系，只要把握好感情和乐感，一样能够演奏优美的乐曲。

终于，功夫不负有心人，李云迪夺得肖邦比赛第一名。在巨大的荣誉面前，他并没有迷失自我，而是选择去德国汉诺威继续深造。自始至终，他都在要成为钢琴大师的道路上努力前行。

故事微语

未来的自己，究竟是什么样子？这或许是所有人都会思考的事情，有些思考让我们看到了一个崭新的世界。但是未来并不仅仅是空洞的想象，更重要的是一个目标。

当我们想象着自己将来要成为什么样的人的时候，无疑就是在自己的心中定下了一个具象的目标，那么重要的不是这个目标究竟是什么样子，而是我们朝着这个目标努力的过程。

展望未来，实则是将我们的梦想更加具体化，或者我们展望的未来并不是一个宏观的概括，或许只是细微到了生活细节，其实这都无妨。只要我们坚定地朝着自己的目标大步前行，那么一切都能够如愿以偿。即便是我们没能成为幻想中未来的自己，努力也绝对不会浪费，至少我们无怨无悔。

心灵箴言

身如逆流船，心比铁石坚。望父全儿志，至死不怕难。

——李时珍

老当益壮，宁移白首之心；穷且益坚，不坠青云之志。

——王勃

合抱之木，生于毫末；九层之台，起于垒土；千里之行，始于足下。

——老子

从容面对一切

故事话题

从容，并不仅仅是一个简单的词汇，更重要的是一个人真正的心境。在顺境中从容面对，似乎是一件不算困难的事情，可是在逆境之中，依然保持从容的心境，就是一种人生的历练。

汉朝时期，有一个叫做匡衡的少年，他家境贫寒，却非常刻苦读书。为了能够读书，他白天必须做很多工作，只有到了晚上，才能够安心读书。可是因为贫穷，他没有钱买蜡烛。看见邻居家每天晚上都点着很多蜡烛，他就跑去和邻居商量，希望晚上能够借邻居家一寸之地，让自己能够读书。可是邻居非常势利，断然拒绝了他的要求，还挖苦他道：“既然穷得买不起蜡烛，还读什么书呢！”

匡衡没有办法，只好另想高招，他悄悄在墙上凿了个小洞，邻居家的烛光就从这洞中透过来了。这就是著名的“凿壁偷光”的典故。

读完了家里所有的书籍之后，匡衡觉得知识是没有尽头的，于是就跑到大户人家帮工，他不收取任何佣金，只要求能够阅读大户人家的所有书籍。就这样，他最终成为汉朝丞相。

故事解析

匡衡的成功取决于他的坚持不懈，但是更重要的是，他有一颗从容不迫的心。在面对邻居的侮辱的时候，在面对别人对自己贫寒的嘲笑的时候，他没有因为这些而妄自菲薄。

真正从容的人，不仅能够正视自己的处境，更能够从容面对人生之中任何讥讽和嘲笑。匡衡从不羡慕别人拥有丰衣足食的生活，也从不因为自己的贫寒而感到自卑，这就是他最从容的心态。

当邻居讥讽他的时候，他尽管也有过愤慨，但是他心里同样清楚，光是生气改变不了自己贫穷的处境，也不能让自己达到读书的目的，与其在心中不断怨恨，倒不如去想想真正的解决途径。

这也是很多青少年应该学习的从容的真正含义，对待别人的优秀

不羡慕，对待自己的劣势不自卑。只有通过努力才能改变自己的处境，而不能在内心设定一个心结，让快乐就此远离自己。

故事穿越

英国著名小说家瓦尔特·司各特自幼喜好文学，但是自从他上学之后，他就不断受到打击——从小他就身患小儿麻痹症，右脚行动十分不便，在学校里，很多学生都因此而欺负他，嘲笑他是“怪胎”。因为同学们的嘲笑，司各特越发不喜欢学校，更不想学习，于是他陷入了一个恶性循环里。到了学期末，他的成绩简直是一塌糊涂。

可是，他的行为被一位老师看在眼里，老师心里非常清楚，司各特尽管厌恶功课，但其实他非常喜欢读书，只是太在意同学们的目光。于是他找来司各特，对他说：“老师知道你是个喜欢读书的好孩子，那么就不要去在意别人的目光，从容面对这一切。”

经过老师的鼓励，司各特终于放下了自卑心理，最终成为著名小说家。在他成功之后，他回到了自己的母校，问道：“现在学校成绩最差的孩子是谁？”

一个小男孩红着脸站出来，他走到小男孩面前，从兜里拿出一枚金币送给他，说：“你也是个好孩子，当年我和你一样，不要灰心，从容面对各种困难，你一定会成功的。”

故事微语

有人说，人生是一个流动的风景。在观赏风景的旅途中，我们会看到繁花似锦，也会看到枯树凋零。正如我们会经历成功的喜悦，也势必要承担失败的打击一样，从容面对，才是人生的真谛。

然而，说起来容易，从容，并不是一个简简单单的词语，当我们冲冠怒发、当我们躁动不安、当我们垂头丧气，从容，就好像是一个十分遥远的词汇。

如何做到真正的从容？当我们的人生真正得到了历练之后，从容就会变成我们内心中的一片大海。

水从容，才一路畅通，永不停息，不会因为途中有顽石的阻挡，就不流通了。

与其纠结于生活上的琐事，不如像水那样，从容面对人生旅途中形形色色的小插曲，花开花谢，坚持自己的初衷，走无悔的路，朝目标前进。从容，才有真正平安无悔的人生。

心灵箴言

生活就是面对真实的微笑，就是越过障碍注视将来。

——[法] 雨果

当生活像一首歌那样轻快流畅时，笑颜常开乃易事；而在一切事都不妙时仍能微笑的人，才活得有价值。

——[美] 威尔科克斯

生活，就是理解。生活，就是面对现实微笑，就是越过障碍注视将来。生活，就是自己身上有一架天平，在那上面衡量善与恶。生活，就是有正义感、有真理、有理智，就是始终不渝、诚实不欺、表里如一、心智纯正，并且对权利与义务同等重视。生活，就是知道自己的价值，自己所能做到的与自己所应该做到的。生活，就是理智。

——[法] 雨果

面朝大海，春暖花开

故事话题

提到清朝文华殿大学士兼礼部尚书张英，或许很多人并不十分熟悉，但是他流传有一段佳话。

张英在老家的亲戚和邻居吴家相邻，中间仅隔着一条小巷供百姓走路。原本两家相安无事，结果有一天，吴家人更改了自己的院墙，向前扩充了三尺，张家人非常生气，认为这是吴家没把自己放在眼里。于是他们想到了远在京城做官的张英，就连夜写了一封家书，希望张英能够给家人做主。

张英看到这封家书之后，哭笑不得，就写了一封回信给自家亲戚。张家人打开信件一看，上面写着："千里家书只为墙，让他三尺又何妨。长城万里今犹在，不见当年秦始皇。"

张家人看到这首打油诗，心里也非常惭愧，于是就将自家的院墙拆掉，向内让了三尺，这样一来，也不影响行人路过。邻居吴家一看，张家人能够做到如此胸襟，深感愧疚，于是连夜将院墙拆掉，也向里面让了三尺，行人的道路就更加宽阔了。后人就将这条小巷命名为"六尺巷"，来纪念张英的胸襟。

故事解析

海子最著名的一首诗写道："从明天起做个幸福的人，喂马劈柴周游世界，从明天起关心粮食和蔬菜，我有一所房子，面朝大海春暖花开……"这是一种人生的境界，面对世界上的繁花似锦，我们真正想要拥有的，反而不再是那些能够让我们为之沉迷的金银财宝。

当我们真正成熟之后，就能拥有一种心境——懂得去珍惜我们内心中真正的财富——宽阔的胸襟、平静的心情、珍贵的友情、最伟大的亲情、最纯粹的爱情……而那些曾经我们一直在追寻的名利、地位，不过是过眼烟云。

在人生的旅途中，我们一路前行，披荆斩棘，但是有的时候却忘记了该如何“退让”，该如何“平静”，忙碌的生活让我们逐渐模糊了生活的本意。这就好比当我们每天都想着要挣大钱，却忘记了挣钱的目的是为了让我们享受生活，而不是享受金钱带来的满足感。

所以在前行的道路上，请停下自己的脚步，望望身边的风景，平复下心里的欲望，去想想究竟什么才是我们最重要的品质吧。

故事穿越

无论我们的身份、地位有何等变化，敞开心扉，宽阔胸襟，是让我们活得快乐的源泉。

唐太宗李世民之所以能够成就自己千古明君的美名，与他宽阔的胸襟有很大关系。每每提到这一点，大家总会想到魏徵和唐太宗的故事。有一次，有人进贡了一只非常漂亮的鹞鸟，李世民非常喜欢，就在手掌里把玩。正好这时候魏徵走了进来，李世民觉得如果要是让魏徵知道自己在玩鸟，恐怕又要说他玩物丧志，连忙将鹞鸟藏在怀里。其实魏徵早就看到了，于是他故意短话长说，长篇大论，甚至开始向李世民讲述古代帝王由于贪图富贵、沉迷声色犬马而最终丧国的典故……结果等魏徵讲完，那只鹞鸟已经在李世民的怀里憋死了。可是李世民却并未因此而责怪魏徵，反而对他更加尊敬。

除了对魏徵这位敢于觐见的官员之外，对于旁人，李世民同样非常宽容。有一次，齐州人段志冲上奏，直言说要唐太宗让位给太子李治。这在封建社会中是一件非常严重且大逆不道的事情，满朝的文武百官知道这件事情之后，很多人都认为，段志冲这样做简直就是目无王法，太过猖狂！而太子李治也非常恐惧，生怕父亲迁怒于自己。可是李世民却表示：“如果自己做错了，让官员认为自己不如让贤得好，那就说明段志冲是忠直的；如果自己没有过错，那就说明段志冲是狂妄的。这就好比一尺的乌云遮不了辽阔无涯的天，一寸的雾霾盖不住太阳的光辉一样，这对我有什么损失呢？”

故事微语

成长，对于每个人来说都是公平的，在成长的过程中，能够宽容地看待世界、看待身边人、看待挫折，对于我们都是有益的。

有很多人都认为，宽容的胸怀和气魄是一种非常珍贵的品质，一般来说，宽容的人往往更容易成功，因为他们能够坦然面对各种生活之中碰到的难题，能够在各种困境之中更容易重新站起来。

其实，有很多时候，宽容更是一份平常心，在我们的内心世界里，建立起一座坚固的堡垒。

心灵箴言

如烟往事俱忘却，心底无私天地宽。

——陶铸

安得广厦千万间，大庇天下寒士俱欢颜。

——杜甫

假如生活欺骗了你，不要悲伤，不要心急！忧郁的日子里需要镇静：相信吧，快乐的日子将会来临。心儿永远向往着未来；现在却常是忧郁。一切都是瞬息，一切都将会过去；而那过去了的，就会成为亲切的怀恋。

——[俄] 普希金

第五篇

友善，是对他人和自己的尊重

人生在世，总是需要有朋友的存在，因为有了朋友，我们可以收获快乐；因为有了朋友，我们学会欣赏这个世界；因为有了朋友，让我们忘记了嫉妒的滋味；因为有了朋友，让我们有了勇气。友情，让我们勇敢面对一切挫折和苦恼，这就是友情的力量。

以礼相待，保持微笑是与人交往之道

故事话题

梁思成和徐志摩，每每提到这两个人，很多人都会想到他们和林徽因之间错综复杂的感情故事，但是梁思成和徐志摩之间的友情更让人敬佩。

林徽因在嫁给梁思成之后，依然和徐志摩保持着纯洁的友情，因为妻子的缘故，梁思成也和徐志摩经常走动起来。有一次，林徽因生病了，在香山附近养病，可是梁思成因为工作原因不能时常陪伴在娇妻身边，他知道，林徽因在生病期间，如果能有个人开导她，至少她的心情就不再那么沉重了。于是他主动找到了徐志摩，并且恳请他在空闲时候，多多去陪伴林徽因。

梁思成的大度和信任让徐志摩很感动，这种信任不仅仅是对妻子的信任，更是对他们之间友情的肯定。

后来，徐志摩因飞机失事，英年早逝，林徽因听到这个消息之后，痛苦不已，表示一定要去送这位好友最后一程。梁思成非常担心林徽因的身体是否能够承担得起，于是就主动对林徽因说，让他代替妻子去悼念好友。

在徐志摩的葬礼上，梁思成面色沉痛。尽管很多人都知道，两个人原本是情敌关系，但是在后来的交往中，两个人也由情敌变成了朋友。为了安抚自己的妻子，梁思成特意要了一块飞机失事后的残骸，挂在家中，可以让林徽因睹物思人。

故事解析

友情，是一种非常值得珍视的情谊，这种珍贵之处并不仅仅是两个人都能够通过友情得到慰藉，更重要的是，朋友就是你的一面镜子，让你通过这面镜子看到自己。

梁思成和徐志摩都曾经非常热切地追求过林徽因，在很多人的心里，情敌

是最难以超越的敌对关系，可是梁思成和徐志摩却并没有因此而心怀芥蒂。这本身就是一种难得的品质。

有很多人都会想到，究竟是什么，让这样两个人最终成为了朋友呢？首先就是尊重——梁思成对徐志摩的尊重，是出于对一个文人、诗人的尊重，是出于对一个值得珍贵朋友的尊重；徐志摩对梁思成的尊重，是出于对朋友丈夫的尊重，是出于对于一个建筑家的尊重。其次是信任——梁思成对徐志摩的信任，就是对自己的信任、对妻子的信任，更是对情感的信任。再次，就是友善。

友善地对待他人，不仅能够赢得同样友善的对待，也能体现出个人的高贵品质，收获一份珍贵的友情。

故事穿越

俗话说，“文人相轻”，意思就是说，文人总会因为各种原因而看不起对方。但是在文坛上，也有一些人打破了这样的传闻，留下了一段珍贵的友情：

白居易和元稹同样作为唐朝的诗人，两个人不仅仅在诗词创作中有共同话题，而且都是心怀天下之人，所以两个人的关系非常要好。公元815年的正月，白居易和元稹在长安久别重逢，两人经常畅谈达旦，吟诗酬和。但是想不到没过多久，元稹就因为直言劝谏，触怒了宦官显贵，被贬为通州司马。两个人不得已，刚刚见面又要分别。

后来，白居易就常常和元稹通信，有时候也会给元稹写诗。现在流传下来很多首诗都是两个人通信之间的佳作。

有一次，白居易身处京城，正好和一些文人墨客游览大雁塔，看着美好的风景，白居易写了一首诗：花时同醉破春愁，醉折花枝当酒筹。忽忆故人天际去，计程今日到凉州。（《同李十一醉忆元九》）写完之后，就给元稹寄了出去。没过多久，元稹也正好走到梁州的褒城，也给白居易写了一首诗：梦君同绕曲江头，也向慈恩院院游。亭吏呼人排去马，所惊身在古梁州。（《梦游》）

白居易和元稹就这样通过诗词往来，一直维持着非常深厚的友谊，后世人称为“元白”。

故事微语

儒家思想的精髓就在于“仁义礼智信”，可见“仁”字所涵盖的内涵之重要性。“仁”字的核心就在于友善，这也是中国人难以舍去，无法泯灭的道德规范之一。

有人说，“友善是沟通心灵的一座桥梁，是连结情感的一条纽带，是增强团结的一块基石。友善就好比是一缕清风，能够消除人际间的烦躁。友善就好似一泓碧水，可以润泽情感中的隙缝。正是因为凭借友善可以达到化干戈为玉帛的效果，所以人们常常会以友善解积怨为亲情。在现实生活中，人们渴望友善，人际间更需要友善。因而多些友善，给喧嚣的尘世添一份舒坦惬意，给复杂的人生带来一份诚挚与温暖”。

当我们与人友善时，会感到世间的和美；与人友善时，也能在友善中寻求到心灵的对话，找到情感的慰藉；与人友善时，甚至可以在友善中弥合性格的缺陷；与人友善时，也能够升华自己的精神境界。

心灵箴言

亲善产生幸福，文明带来和谐。

——[法] 雨果

真正的友情，是一株成长缓慢的植物。

——[美] 华盛顿

友谊永远是一个甜柔的责任，从来不是一种机会。

——[美] 纪伯伦

活出自己的风采，绽放自己的光芒

故事话题

嫉妒，是“七宗罪”中的一项恶行，也是人际交往之中最要不得的一种情绪。当我们陷入嫉妒这种情绪中，只能努力调整自己的心态，否则就会陷入一个死局。

从前，魏国有一名大将名叫庞涓，他指挥魏军打赢了不少仗，于是就自以为是，认为自己是了不起的军事家。然而他心里很清楚，他的同学孙膑才是真正的军事家，本领比他强得多。

庞涓非常妒忌孙膑的才能，认为如果不除去他，很快就会被他掩盖住自己的锋芒。于是他安排了一条陷害孙膑的诡计。首先，他向魏惠王举荐孙膑，让自己落下一个举贤的美名，魏惠王高兴地派人请来孙膑，共议国事。当孙膑的才华处处显露出来以后，庞涓就在魏惠王的面前诬陷孙膑私通齐国谋反。魏惠王大怒要杀孙膑，庞涓又假意讲情，结果孙膑被治了罪，剜掉了双腿的膝盖骨，成了残废。

然而，纸是保不住火的，很快，孙膑知道了这是庞涓的诡计，于是他只好装成疯癫，麻痹庞涓，再设法逃脱虎口。正好这个时候，齐国的一位使臣到魏国办事，非常同情孙膑的遭遇，就偷偷把孙膑藏在车内，混过了关卡，带到齐国。

后来，孙膑使用诱兵之计，一路上造成齐军逃散的假相。他非常清楚庞涓的为人和心思，一定会追到马陵，便早在此处设下了埋伏，杀掉了嫉贤妒能的庞涓。

孙膑的名气传遍了诸侯国，后来孙膑不愿再作官，就隐居去了。但他写的兵书《孙膑兵法》一直流传到现在。

故事解析

所谓嫉妒，是指人们为竞争一定的权益，对相应的幸运者或潜在的幸运者怀有的一种冷漠、贬低、排斥、甚至是敌视的心理状态，也指一种极想排除或破坏别人的优越地位的心理倾向。

但是这种心理是错误的、扭曲的，它不仅仅能够扭曲我们原本的快乐，甚至能够因此改变我们的人生观、价值观和世界观。庞涓因为嫉妒孙膑的才华，不惜陷害他，最终让自己葬送性命。其实每个人都有自己的优点，也有自己的缺点，取别人的长处，弥补自己的短处，这才是最正确的做法。

同样，面对他人的嫉妒，我们不妨忽略它，然后努力让自己发展得更好。毕竟生活的空间是广阔的，就好比大海一样，我们可以继续努力。与其嫉妒他人，不如向他人学习，与其羡慕他人，不如不和他人比较，毕竟每个人都有属于自己的幸福生活。

故事穿越

人与人之间的相处，并不仅仅会出现所谓的嫉妒，有的时候还会产生珍贵的友情，比如冰心、巴金和萧乾夫妇之间的友情，就是很好的例子。

冰心曾经这样评价过巴金，她说：“巴金对萧珊的爱情是严肃、真挚而专一的，这是他最可敬佩处之一。”在阅读巴金《再忆萧珊》时，冰心甚至深深地为这对患难夫妻的一片真情所打动，情不自禁地落下泪来。

而对于萧乾，冰心更是担任着她的“大姐”和“师娘”的双重身份，不仅对他的写作事业非常关心，同样也关心着他的生活起居。

三个人都是当代文学中响当当的人物，但是却并没有因此而产生嫉妒之情，这并不仅仅是因为三个人的交情好，更重要的是，在别人身上，他们永远都善于发现闪光点，借此来弥补自己的不足，从而活出属于自己的风采。

故事微语

人生在世，孰能无过，我们都是这样成长起来的。有的人会说，自己长得不如某某人漂亮；或者有的人会说，自己的父母没有别人家的父母有钱有权。这些都不是你可以嫉妒他人的理由。

真正的聪明人，懂得将嫉妒转化为提高自己的动力，让自己绽放出光彩来，这才是最佳方案。所以请记住，外表漂不漂亮，这并不是主要问题，更关键的，是你要让自己活得漂亮、活得快乐、活得丰富、活得健康、活得精彩。充分享受了这多姿多彩的人生，才是生命中最绚丽的彩虹。做一个懂得欣赏自己的人，而不是嫉妒别人的人。做一个懂得珍惜时间，热爱生命的人，纵使你贫穷，也活得精彩。

心灵箴言

妒人之能，幸人之失。

——柳宗元

嫉妒——心灵上的肿瘤。

——艾青

不被人嫉妒，就被人羡慕。

——[古希腊] 埃斯库罗斯

失宠和嫉妒曾经使天神堕落。

——[德] 海涅

用欣赏的角度看待他人

故事话题

在人际交往的过程中，我们常常会看到别人的不足之处，继而就会失去这份友情。其实当我们换个角度，用欣赏的目光重新打量周围的人，或许就能收获真正的友情。

提到友情，中国古代流传着“管鲍之交”，格外令人向往。

春秋时期，管鲍是齐国人，当时齐国的几位王子为了争夺王位，爆发了内乱。管仲被任命辅佐公子纠，而鲍叔牙却被任命辅佐公子小白。由于两位公子的哥哥襄公无道，他们只好被逼流亡出走。管仲和鲍叔牙自然要各随其主——管仲和纠逃到鲁国；鲍叔牙和小白逃到莒国。后来，内乱平息了，公子纠和公子小白彼此又开始了你争我斗，为的是要回到齐国夺权登位，管鲍二人只好再各为其主。

在后来的争夺战中，管仲曾射过小白一箭，但是却没能致命，最终公子小白和鲍叔牙先回到了齐国，顺利继位，成为齐桓公。后来，鲍叔牙设计借鲁国之手杀了公子纠，又把管仲“引渡”回了齐国。齐桓公一看，这就是当初说射到自己的“仇人”，就要杀管仲，被鲍叔牙制止了。

鲍叔牙非常坦诚地告诉齐桓公，管仲是个治国奇才，不仅不能杀，而且还要重用。起初齐桓公不答应，鲍叔牙又说：如果你不想成就霸业，那就算了。如果你想治国图强称霸，非用管仲不可，我鲍叔牙是不如他的。就这样，管仲当了齐国的宰相。

故事解析

相比于前面“庞涓陷害孙膑”，管仲和鲍叔牙之间的情谊，显得尤为珍贵。或许有人会觉得奇怪，为什么鲍叔牙能够如此对待管仲，如果没有鲍叔牙，管仲就被齐桓公杀掉了，那么鲍叔牙就成为齐国宰相的不二人选。面对名利，鲍叔牙竟然没有这样做。其实答案非常简单，那就是欣赏。

在管仲和鲍叔牙因为各为其主不得不敌对的时候，有人曾经问过管仲，该如何处理和鲍叔牙的关系，管仲也非常坦诚地说，国家利益是国家利益，个人感情是个人感情。言外之意就是，我可以因为国家利益与我的好友为敌，但是在我个人的情感中，我和他依旧是最好的朋友。能够在这种情况之下表露心迹，依然也是出自对他人的欣赏。

我们每个人都会欣赏美好的事物，无论是娇媚的鲜花，还是波澜壮阔的山河，但是对于美好的人，我们却缺乏欣赏的目光。如果我们善于用欣赏的目光去观察周围的人，相信我们会发现很多闪光之处。

故事穿越

欧阳修作为宋朝的大文学家，非常喜欢提携后辈，尤其是对于苏轼，他更是欣赏有加。

公元 1057 年，也就是宋仁宗嘉祐二年，当时的欧阳修正好担任礼部贡举，主持科举考试。就在批阅试卷的时候，他无意中发现了苏轼的试卷，于是便大加赞赏道：“轼书，不觉汗出。快哉！快哉！老夫当避路，放他出一头地也。可喜！可喜！”于是，他就做了决定，一定要将苏轼引荐出来。

在当时，欧阳修有个美名叫做“海内文宗”，意思就是说他的文章、文学功底是最被公众所钦佩的，而他肯定赞美的文章，也往往被公众迅速认可。所以很快，苏轼的文章也就被大众所熟知起来。

然而，欧阳修也很快就意识到，如果苏轼一旦有了名气，很快就会顶替自己的头衔。尽管内心有点失落，可是他仍然觉得，这是一件非常值得的事情。毕竟他是大知识分子，他知道让苏轼出人头地，意味着什么。于是，这位厚道公正的“资深院士”毫不犹豫地把对青年苏轼的奖掖与宣扬，作为了自己义不容辞的使命。

欧阳修大力奖掖后生苏轼，放手让苏轼大放光彩，居于他之上，实在难得。中国出文章高手不难，难得的是“文人相重”的品德。

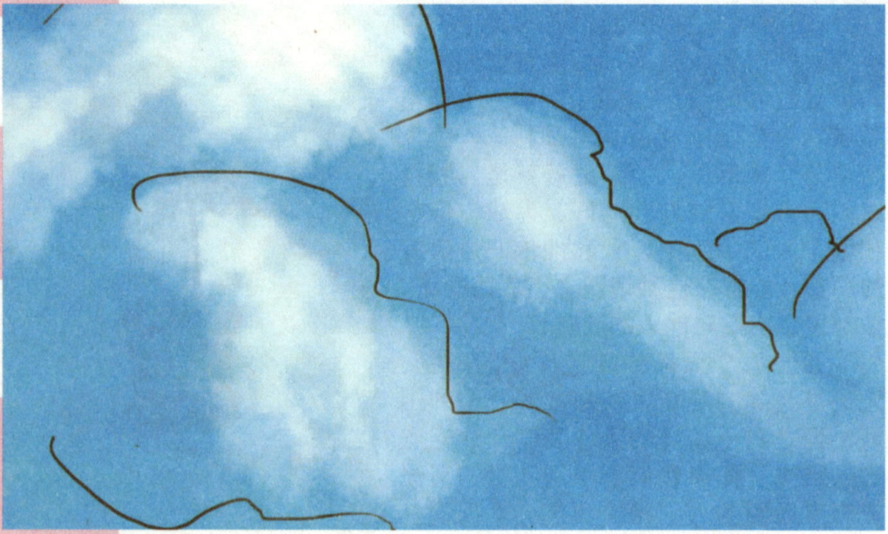

故事微语

用欣赏的角度去观察身边的人的同时，自己也能净化心灵。因为欣赏是一种境界，是一种胸怀。只有这样，我们才能发现生活中的点滴快乐，才能让我们懂得友情的真谛。

欣赏他人，是自己在心境上的转变，并不因为旁人而发生变化。当我们能够用欣赏的目光去打量周围人的闪光点，那么我们自然也能够在人际关系中得到最大的回报。

心灵箴言

礼貌使有礼貌的人喜悦，也使那些受人以礼貌相待的人们喜悦。

——[法] 孟德斯鸠

要改变人而不触犯或引起反感，那么，请称赞他们最微小的进步，并称赞每个进步。

——[美] 卡耐基

赞扬是一种精明、隐秘和巧妙的奉承，它从不同的方面满足给予赞扬和得到赞扬的人们。

——[法] 拉罗什夫科

君子之交淡如水

故事话题

中国有这样一句老话：“君子之交淡如水，小人之交甘若醴；君子淡以亲，小人甘以绝。”

在唐朝贞观年间，薛仁贵还没有成为将军之前，因为家境贫寒，只能和妻子住在一个破窑洞中，衣食无着落，只能依靠好友王茂夫妇的接济，勉强维持着生计。后来薛仁贵参军，表现出自己过人的军事才能，于是就被唐太宗李世民封为“平辽王”。

一时之间，登门拜访、祝贺的文武大臣络绎不绝，但是薛仁贵全部婉言谢绝，他唯一收下的就是好友王茂送来的“两坛美酒”。但是当负责启封的执事官打开美酒之后，立刻吓坏了，原来酒坛子里装的并不是美酒，而是清水。于是他立刻跑到薛仁贵面前禀报了这个事情。薛仁贵一听非但不生气，反而非常高兴。后来有人问他，为什么收到了清水却这样高兴？薛仁贵回答说：“过去我落难的时候，全仰仗王茂夫妇的经济资助，没有他就没有今天的我。现如今，我承蒙皇恩，得到了现在的荣华富贵，即便是送清水也是王茂兄的一番美意，这就叫做‘君子之交淡如水’。”

故事解析

正所谓“君子之交淡如水”，这是一份非常珍贵的友情。

友情，并不因为双方的地位、身份和财力有所改变，也绝不会因为见面次数、距离遥远而变得生疏。这君子之交是心与心的交流，是一种与天地共存的默契，就好比丝缕般交织在一起。而只为利益而交织在一块儿的酒肉友情很快就会被遗弃，于是就有了争吵和谩骂。

有了朋友，就可以有相互关切；有了相互关切，就可以心心相通；有了心心相通，才就可以彼此了解；有了了解，友谊就能够天长地久；有了天长地久的友谊，生命才有意义。

故事穿越

范仲淹不仅仅是北宋时期的大诗人，更是一位改革家，但是因为主张改革，惹怒了朝廷中的权贵，被贬去颖州。当范仲淹卷起铺盖离京时，那些曾经与他过从甚密的官员，生怕被说成是朋党，纷纷避而远之。

有个叫王质的官员却不以为然，那时候他正生病在家，听到这个消息之后，立即抱病前去，大摇大摆地将范仲淹一直送到城门外。

可以说，在那一人犯罪株连九族的封建社会里，王质丝毫不计个人利害得失，和那些见利忘义之徒相比较，实在是难能可贵。

故事微语

友情，是一种很美妙的东西，能够让你在失落的时候变得高兴起来，能够让你走出苦海，去迎接新的人生。只有拥有真正朋友的人，才能体会到它真正的美好之处。

真正的友情从不依靠事业、祸福和身份，更不依靠经历、地位和处境。在本质上，友情就是拒绝功利、拒绝归属、拒绝附属的情感。是独立人格之间的互相呼应和确认，可以使人们独而不孤，互相解读自己存在的意义。所以，所谓朋友，是使对方活得更加温暖、更加自在的那些人。

心灵箴言

友情为人生之酒。

——[英] 杨格

真正的友谊既能容忍朋友提出的劝告，又有使自己接受劝告。

——[古罗马] 西塞罗

最好的朋友是那种不喜欢多说，能与你默默相对而又息息相通的人。

——[苏联] 高尔基

你的敌人和朋友携手合作，才能伤你的心。敌人大肆诽谤你，朋友赶忙传给你听。

——[美] 马克·吐温

让友情沉淀成最香醇的美酒

故事话题

友情，是志同道合的情谊，在历史上留下了很多美好的佳话。

马克思和恩格斯在领导国际共产主义运动的伟大斗争中，团结作战，患难与共，建立了真挚的友谊。

因为革命斗争需要，他们曾身处两地长达20年的时间，然而，他们之间的关系不仅没有因此而疏远，反而越来越密切。在分别的时间里，他们几乎每天都要通信，交谈各种政治事件和科学理论问题，并且，共同指导着各国的无产阶级革命运动。

马克思不仅十分钦佩恩格斯的渊博学识和高尚人格，而且对恩格斯的身体也很关心。有一次，恩格斯生病，马克思时时挂在心上，他在给恩格斯的信中说："我关切你的身体健康，如同自己患病一样，也许还要厉害些。"

为了"保存最优秀的思想家"，恩格斯常常会在经济上资助贫困的马克思，这也是为了让他能专心致力于革命理论的研究。为此，他违背自己本来的意愿，到父亲经营的公司中去从事那"鬼商业"的工作。当《资本论》第一卷付印的时候，马克思给恩格斯写信的时候说道："你能够为我这样做，我只有感谢你！没有你为我的牺牲，我是决不可能完成三卷书的巨大工作的。我满怀感激的心情拥抱你。"

正如列宁所赞扬马克思与恩格斯之间的这种崇高的革命友谊时说："它超过了古人关于友谊的一切最动人的传说"。

故事解析

一段友情，可以超越时空的束缚，成为人世间最美好的情谊。

一段友情，可以成全别人，更可以成就自己。

为了朋友，付出金钱、付出时间、付出情感，但是为了友情，这一切都变得值得。就好像恩格斯对马克思的付出。有些时候，我们更应该懂得付出和友情之间的关系，让友情得以长久。

故事穿越

文学家苏曼殊非常擅长作诗，不仅如此，他还精通多门外语，翻译过不少外国名著，并且，他的绘画造诣很深，享誉国内外。他和赵伯先是志同道合的好友，两人交情甚笃。

有一天，赵伯先想要请苏曼殊作一幅画，虽然苏曼殊平日里并不肯轻易给人画画，但一听老朋友开口，自然是一口应允了。然而，当时苏曼殊正忙着收拾行装准备去日本，没有时间给赵伯先马上作画。

没过多久，黄花岗之役爆发了。赵伯先作为革命党人，为黄花岗起义失败感到无比悲愤，郁闷而终。苏曼殊听到好友去世的消息，异常哀痛，又想到曾经答应过为好友作画，于是赶忙画了《荒城饮马图》，托人带回国内，焚化在赵伯先的墓前，以示哀悼之情。

即使是这样，他依旧觉得愧对朋友。从此以后，弃笔不再作画，以示心中的歉疚之情，

故事微语

我们时常呼唤友情，但是友情正是因为无所求而深刻，不论彼此是平衡还是不平衡。友情是精神上的寄托。有时并不需要太多的言语，只需要一份难得的默契。

人生在世，可以没有功业，却不可以没有友情。以友情助功业则功业成；为功业找友情则友情亡。

在我们的一生中，需要接触很多人，所以，会经历两个层次的友情。宽泛意义的友情和严格意义的友情，没有前者未免拘谨，没有后者难于深刻。

宽泛意义的友情是一个人全部履历的光明面，然而不管多宽，都要警惕邪恶，反对背叛；严格意义的友情是一个人终其一生所寻找的精神归宿。可是没有寻找到真正友情的时候，只能继续寻找，而不能随脚停驻。所以，我们不能轻言知己。一旦得到真正友情。我们更要加倍珍惜。

心灵箴言

如果朋友是盲人，我就从侧面看他。

——[意] 儒贝尔

在无利害观念之外，互相尊敬似乎是友谊的另一要点。

——[法] 莫洛亚

很多显得像朋友的人其实不是朋友，而很多是朋友的并不显得像朋友。

——[古希腊] 德谟克里特

心灵榜样微史话

夏侯胜

夏侯胜，字长公，宁阳侯国人。他是著名西汉朝文学家、政治家，更是“大夏侯学”的开创者，后又师从欧阳生学习。进入官场之后，曾担任过光禄大夫、长信少府、太子太傅等职务。由于他潜心研读，逐步升华出自己的特点，并创立了今文尚书，史称“大夏侯学”。

张海迪

张海迪，中国著名残疾人作家、哲学硕士、英国约克大学荣誉博士。1983 年 3 月 7 日，团中央将张海迪评为“优秀共青团员”的光荣称号，并且号召全社会向张海迪同志学习。同年，张海迪再次获得两个赞誉——“八十年代新雷锋”和“当代保尔”来表扬她的精神。在此之后，张海迪的名字走进了中国的千家万户，成为青少年心中的榜样。

范蠡

范蠡，字少伯，是春秋末期最著名的政治家、谋士、道家、实业家。他出身贫寒，却博学多才，因为不满楚国政治黑暗，他出走楚国，投奔越王勾践，辅佐其兴越国、灭吴国，是勾践雪耻过程中功臣之一。功成名就之后，范蠡急流勇退，三次经商成为巨富，再三散家财。后代很多生意人都供奉他的塑像，称之为财神。

林语堂

林语堂，中国现代著名学者、文学家、著名的语言学家。他一生中创作了大量的文学作品，比如《京华烟云》《啼笑皆非》等，并且于

1940 年和 1950 年先后获得了两次诺贝尔文学奖的提名。他出生于 1895 年，原名和乐，后改玉堂，再改语堂。先后获得美国哈佛大学文学硕士和德国莱比锡大学语言学博士。学成之后，他返回祖国，先后在清华大学、北京大学和厦门大学任教。曾担任过联合国教科文组织美术与文学主任、国际笔会副会长等职务。

蔺相如

蔺相如，战国时期赵国的上卿，原本是赵国宦官的家臣，因为他的智慧和才能让赵国一次又一次化解危机，并且在强大的秦国面前捍卫了国家尊严，所以升至上卿。他是战国末期著名的政治家、外交家，司马迁评论他为："知死必勇，非死者难也，处死者难。方蔺相如引璧睨柱，及叱秦王左右，势不过诛，然士或怯懦。而不敢发。相如一奋其气，威信敌国，退而让颇，名重太山，其处智勇，可谓兼之矣！"

亨利·内斯特

亨利·内斯特，又名亨利·雀巢，是雀巢品牌的创始人。

他出身一个家境富裕的家庭之中，但是在他成长过程中，他的家庭因为遭到了政治迫害，只能举家逃到瑞士，定居在沃韦。亨利·内斯特原本是一名药剂师的助手，在 1843 年，他开办了一个矿泉水工厂。到了 19 世纪中叶，他开始专门研究奶制品，最终在 1867 年，创造了雀巢公司。

贝多芬

路德维希·凡·贝多芬，伟大的德国作曲家之一、维也纳古典乐派的代表人物之一，是世界音乐发展史上有着重要位置的音乐家，被世人称之为"乐圣"，更是被评价为"集古典主义之大成，开浪漫主义之先河"的伟大音乐家。他出生于德国波恩，父亲是一名擅长高音的歌手，自幼，他就显露出极高的音乐天赋。在晚年时分，贝多芬患上耳疾，失去了听觉，却并未因此而放弃自己的音乐梦想，他勇敢地扼住了命运的喉咙。在他的一生中，他创作了 9 首编号交响曲、35 首钢琴奏鸣曲（其中后 32 首带有编号）、10 部小提琴奏鸣曲、16 首弦乐四重奏、1 部歌剧、2 部弥撒、1 部清唱剧与 3 部康塔塔，另外还有大量室内乐、艺术歌曲、舞曲。

伯牙

伯牙，又作伯雅，战国时期楚国人，晋国上大夫，俞伯牙是冯梦龙在《警世通言》之中的化名。他是战国时期最为著名的琴师，善弹七弦琴，技艺高超。既是弹琴能手，又是作曲家，被人尊为“琴仙”。在其一生之中，留下了两段最为著名的历史典故——高山流水和伯牙绝弦，成为中国古代友谊的代名词。

爱迪生

托马斯·阿尔瓦·爱迪生，是最著名的发明家、物理学家和企业家。他出生于美国中西部的俄亥俄州一个叫做米兰的小市镇。因为生病，爱迪生直到 8 岁才进入学校上学，但是仅仅 3 个月之后，他就被老师以“愚钝糊涂”为由被勒令退学，自此之后，爱迪生的母亲就成为他的老师。

尽管没有接受过正规教育，但是爱迪生从小就聪明好学，勤奋读书。在他长大成人之后，他自制一台自动定时发报机，这是爱迪生一生之中第一个发明创造。后来，爱迪生可以说是经常换工作，周游于一些电信、电报公司，直到他到了纽约之后，凭借着自己对机械的了解和优良的维修技术，慢慢地闯出了名声，成立了自己的工程公司，专门制造和改良一些事务机器，比如：黄金行情显示器、股票行情显示器、金价印刷机等商用机器，同时研发、承制各种科学仪器。

爱迪生一生之中，拥有超过 2000 项发明，包括对世界极大影响的留声机、电影摄影机、钨丝灯泡等。

莱特兄弟

莱特兄弟，他们分别叫做奥维尔·莱特和威尔伯·莱特，世界上第一架飞机的发明者。兄弟二人自幼就对机械装配和飞行有着超乎寻常的兴趣，后来在他们从事了自行车修理和制造行业之后，开始研究飞行，并且通过多次的试验和分析，最终在 1903 年 12 月 17 日首次完成了持续不落地的飞行。

李云迪

李云迪，第十四届肖邦钢琴国际比赛冠军，填补了空缺了 15 年的空白，并且是有史以来最年轻的冠军得主、是第一位且是唯一获此殊荣的中国人。1982 年 10 月 7 日，李云迪出生于重庆，7 岁那一年，他开始学习钢琴，后又因为钢琴老师但昭义先生而辗转到了深圳。2000 年，年仅 18 岁的李云迪一举拿下肖邦钢琴大赛金奖。在此之后，李云迪和古典音乐公司 DG 签约，并且和众多国际非常有影响力的乐团合作，发行个人音乐专辑。他的钢琴演奏优雅、浪漫，极富诗意，被国际媒体称之为“钢琴王子”、“钢琴诗人”，以及“中国的肖邦”。

匡衡

匡衡，字稚圭，西汉经学家，以说《诗》著称。元帝时位至丞相。匡衡家境贫寒，勤奋读书。在参加考试的时候，因为他对《诗经》的理解非常独到，所以被当时的经学家们推崇备至，就连当时还是太子的汉元帝也非常欣赏他。在汉元帝登基之后，将匡衡升至御史大夫，后又代为丞相，封乐安侯。为官之时，匡衡不仅刚正不阿，且为官清廉，但最终因为和同僚之间的矛盾，被人弹劾，最终被贬为庶民。

李世民

唐太宗李世民，是唐高祖李渊和窦皇后的次子，唐朝第二位皇帝。在他成为皇帝之后，充分展现出了自己的治国之道——他是一个能够虚怀纳谏的君主，主张以文治天下。在经历了动荡之后，唐太宗非常注重百姓的休养生息，在全国实行减税、免税等优惠百姓的政策，最终实现了“贞观之治”的辉煌。

梁思成

梁思成，著名国学大师梁启超之长子，著名的建筑学家和建筑学教育家，是中国科学史事业的开拓者，更是解放后致力于保护古建筑的旗帜性人物。在从宾夕法尼亚大学毕业回国之后，他一直从事系统地调查、整理、研究中国古代建筑的历史和理论工作。在新中国成立之后，参加人民英雄纪念碑等设计，是首都北京城市规划工作的推动者，是新中国国旗、国徽评选委员会的顾问。

心灵修养用语微解

珍惜：珍惜是将某件事物或人视为自己生命中重要的一部分，尽一己之力爱护与珍重它或他们。《三国志·吴志·诸葛恪传》中写道：“上熙国事，下相珍惜。”

释然：“释”通“怿”，有喜悦之情。释然，是当我们内心产生疑虑、嫌隙等情绪之后，经过时间、空间，或者是他人劝说后，内心趋于平静的过程，也是在我们经历了众多情绪起伏之后愉快的显现。北宋科学家沈括在《梦溪笔谈》所讲：“释然放怀，无复蒂芥。”正是对释然的最佳诠释。

适度：根据字面解释，“适度”是指适合要求的程度。这种适应要求的程度，有可能是量化的，也有可能是虚化的。它可能是对一件事物的量化标准，也有可能是人情绪上的一种评估。

平淡唯真：平淡，并非是指平庸和淡而无味的状态，而是将一份深厚的感情和丰富的思想用相对朴实的语言阐述，是一种平淡质朴的情感的直接描述。平淡中往往都会蕴含着深意，梅饶臣在《赠杜挺之》中写道：“作诗无古今，欲造平淡难。”

忘却：忘却，等同于忘记，将一些过往的事情抛之脑后。但是不同于忘记，忘却是一个情绪、是一种自我选择的结果，是将一些不快乐的事情沉淀在内心深处，从中获得感悟的过程。

正视压力：压力，物理名词，原本指代物体所承受的与表面垂直的并指向表面的作用力。后演变成因为社会、经济等各种原因形成对心理造成的负担。当人们面对压力的时候，会产生逃避心理，从而需要心理克服这种压力带来的负面情绪。

感恩：感恩，原本是指教徒在餐前或者餐后对上帝恩赐食物表示感谢，后成为大众对社会、对自然、对周围人发自内心的感谢。感恩实则更是一种生活中的睿智，是一种处世哲学，是建立积极的人生观、健康的生活心态的基础。唐朝诗人陈润在《阙题》诗作中写道：“丈夫不感恩，感恩宁有泪。心头感恩血，一滴染天地。”

坚持不懈：懈：松懈的意思。坚持不懈，就是指坚持到底，一点都不松懈，形容做事持之以恒。出自《清史稿·刘体重传》：“煦激励兵团，坚持不懈，贼穷蹙乞降，遂复濮州。”坚持不懈，是对一种事物的执着，更是对苦难不妥协的态度。

友爱：即友好、亲爱，是指兄弟、朋友、人与人之间的友好、亲切、关爱的情谊。《后汉书·第五伦传》记载：“近代光烈皇后，虽友爱天至，而卒使 阴就归国，徙废阴兴宾客。”北宋大文学家欧阳修则在《刘丞相挽词诗》之二中写道：“平昔家庭敦友爱，可怜松槚亦连阴。”

信任：即相信他人。《史记·蒙恬列传》：“始皇甚尊宠蒙氏，信任贤之。”

欣赏：是人类最基础的一种本能，当我们遇到美好的事物、领略到某种乐趣的时候所产生的一种愉悦的心情。明朝蒋一葵在《长安客话·碧云寺》中写道：“金鲫千头，沟沫水面，投以胡饼，唼唓有声。今上临观，亦为欣赏。”